PRACTICAL MINDFULNESS

正念 PRACTICAL MINDFULNESS

专注内心思考的艺术

英国DK出版社　著
仲文明　周坤　译
顾问：肯·A.维尔尼 (Ken A. Verni)

電子工業出版社
Publishing House of Electronics Industry
北京 · BEIJING

版权贸易合同登记号 图字：01-2016-0324

图书在版编目（CIP）数据

正念：专注内心思考的艺术/英国DK出版社著；仲文明，周坤译. —北京：电子工业出版社，2016.8
书名原文：Practical Mindfulness
ISBN 978-7-121-29251-4

Ⅰ.①正… Ⅱ.①英… ②仲… ③周…
Ⅲ.①人生哲学－通俗读物 Ⅳ.①B821-49

中国版本图书馆CIP数据核字（2016）第149366号

策划编辑：郭景瑶 张 昭
责任编辑：雷洪勤 特约编辑：丁 波
印 刷：鸿博昊天科技有限公司
装 订：鸿博昊天科技有限公司
出版发行：电子工业出版社
北京市海淀区万寿路173信箱
邮编：100036
开 本：850×1168 1/16
印张：14 字数：400千字
版 次：2016年8月第1版
印 次：2022年5月第7次印刷
定 价：118.00元

凡所购买电子工业出版社图书有缺损问题，请向购买书店调换。若书店售缺，请与本社发行部联系，联系及邮购电话：（010）88254888，88258888。

质量投诉请发邮件至zlts@phei.com.cn，盗版侵权举报请发邮件至dbqq@phei.com.cn。

本书咨询联系方式：（010）88254210，influence@phei.com.cn，微信号：yingxianglibook。

目录

发现正念

迈向专注的你

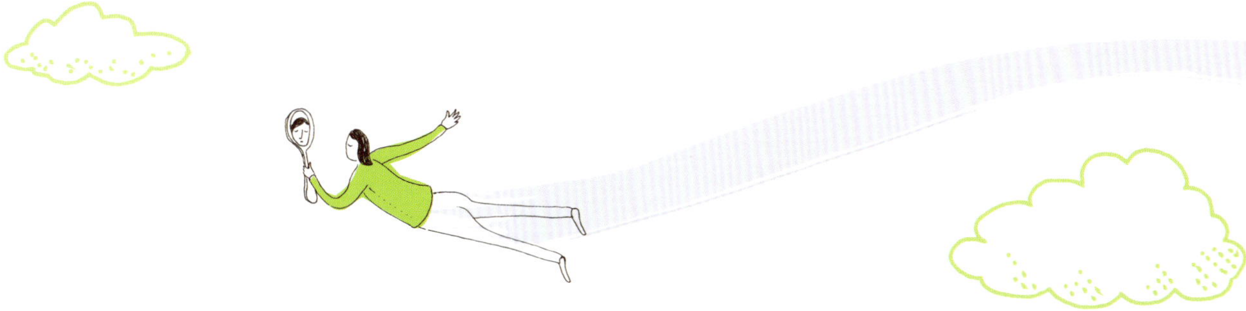

正念冥想

正念生活小技巧

正念，助你一臂之力

前言

正念的描述可以有多种方式。它是指有目的地将注意力集中于当下，并对事物的本质形成非评判性的、具有同理心的意识。它是一种存在的方式，也是连接我们内在体验与外在感受的途径，而且不管是从字面来看还是从其引申含义而言，它都终将转化为我们的理智。与此同时，它也不过是对我们与生俱来的一种能力的再发掘和回想。这种能力使我们在生活中、在与事物的接触过程中得以保持完全的清醒，当然这种接触是以一种完全直接的方式，不受思想观念、过往经历和个人好恶的影响。

这种观察事物的方式是任何人在任何时候都可以直接使用的。如果你愿意，现在就可以试试。读完这一段后将你的目光从页面移开，转而凝视附近的其他物体。只要给予最基本的注意力就好，就像初次看到一样观察它，抛开所有的标签和联想，温柔地观察它的形状、色彩、质地及其所占据的空间。渐渐地，你可能也会觉察到有思绪穿过脑海，你的注意力开始游离到其他事物上，甚至还可能觉察到自己的各种感受，这些感受都是源自于你与这个物体所发生的“感官接触”。你只需简单地反复体会对所选物体的直接体验。现在就试一试，然后在试第二遍之前再回来重新读一读上面的指示。当然，再次尝试时你既可以选择同一件物体，也可以另选他物。

其实，你刚刚所做的就是一次正念练习。你挑选了一个“专注的对象”以帮助自己在当前的体验中固定自己的意识，然后观察自己脑海、身体以及内心所发生的一切。很有可能大部分你所观察到的东西都反映了你平时经历中的某些元素，比如注意力分散、欲望、嫌恶、焦躁、怀疑和无趣等等——当然，也有可能存在某些时刻你仅仅只是在“观察”而已——而这些就是正念“练习”的意义

所在。之所以称其为练习，是因为当我们以一种恒定的方式进行这项练习时，我们将得到各种各样的机会对“人生的素材”进行体验。慢慢地我们与这些“素材”之间的关系就会发生微妙的变化。我们会学着以一种安全的、渐进的、按照自己节奏的方式对思维的各种习惯和“频繁冒险”做出反馈——而不是反应。我们会学着去培养选择意识，同时在我们的生活中形成更好的效力感和平衡感。

在正念的练习过程中，我们会渐渐恢复与自我的健康友好关系，对人对己都不再那么疏远和孤立，并且与我们内心深处的直觉智慧和创造力重新建立联系。正念练习是一趟心灵之旅，很有可能也是我们人生中最重要的旅程。如美国作家托马斯·默顿所言：“如果我们无法跨越这道将我们与自身隔绝开来的深渊，那么即便我们能够登陆月球又有何用呢？”

如果将在生活中培养更好的专注意识视为一趟旅程，那么本书完全可以作为一本全面细致的导读指南。它用清晰明了的语言描述了正念的精髓以及正念的训练，并为你在生活中形成正念提供了可供参考的行动计划。不过，与其他任何旅程一样，遵循你自己的智慧也是不可或缺的，在练习的过程中你要特别注意感受什么是对你有用的而什么没用。

同样重要的还有，你需要注意到，思维的评判天性会在不知不觉中将你的正念练习转变成另一种“自我提高”。相比这种“自我提高”，正念能给你带来的要多得多：它不仅为你提供了一种简单直接的了解自我与事物本来面貌的途径，且时时刻刻都能行之有效，还为你开辟了一条通往智慧的道路。这种智慧是当一个人对人类经验形成具有同理心的好奇时自然产生的。

关于正念，最后需要在这里阐述的一点，也是最为重要的一点就是：正念是一条通往心灵之路——爱之体悟——它赋予我们一种具有同理心的、宽阔的胸怀去接纳和拥抱所有的人生体验。所以，让你的内心引领你去完成书中的、甚至人生中每时每刻的练习和反馈吧。从这里开始，从现在开始吧！

肯·A. 维尔尼

发现正念

正念是一种提升人生质量的现代方式，具有广泛的适用性。正念的练习可以令我们更为平静，更加专注，同时还能促进我们的身体健康。

新手指南——守在当下

正念如何丰富你的人生?

通过训练正念的方式达到身心健康其实是一种日积月累的过程。如果你选择了这种方式，那你就每天都要坚持正念冥想练习。时间不用太长，但必须养成习惯。此外，你还需要意识到那些思维的积习，正是这些根深蒂固的陋习才令你至今无法人生圆满。

正念的概念其实非常简单：你一边将注意力集中于当前的某项体验，一边还能让自己保持心胸开阔，做到“心容万物”。这最后一个词需要解释一下，我们纯粹状态下的思维其实就是心胸宽广、可容万物的。只是随着时间的推移，人生经验的积累，一定的思维形式就开始形成并固化。而通过一段时间的正念冥想训练，至少几个星期，这些内在的结构就能被打破，我们就可以重回初始的“开阔”状态。这也说明了为什么

正念不仅改变你的自我认知，也改变了你对“他人心中的你”的认知。

关于正念的虚与实

正念是一项现代训练，需要将你的全部注意力集中于你的体验，不论是好的体验还是坏的——它并非什么神秘的极乐状态，也不是什么精神上的超然存在。它没有宗教色彩。

正念是：

- 跳出感受的束缚来认识感受
- 给自己真实的自我定位，而不是以感觉或错误来定位自己
- 活在当下，不缅怀过去，不耽于未来
- 适用于所有人的“幸福养成”之道。

正念不是：

- 清空大脑，停止思考
- 放松之术，虽然也有放松之效
- 对个性的逃避，而是向我们揭露自己的个性
- 人生毫无计划的特许状，你可以以一种专注的方式制订计划，一如你可以专注地从过往学习经验。

正念练习对矫正各种消极思想行之有效，如自卑、焦虑、低迷、状态不佳以及轻中度抑郁。

正念不仅改变你的自我认知，也改变你对“他人心中的你”的认知。它为你全面挖掘自身的潜能，尤其是在感情与个人目标方面，提供了更

你最初的专注时刻：练习介绍

在正念当中“练习”是一个关键词汇，包括各种形式的冥想和心智训练。因为是“练习”，自然也就意味着不断地重复（这也是一种存在的方式），而且这也是恰当的。因为只有通过有规律的训练，甚至可能是每日训练，你才能改变以往的思想。但是，这种初始练习，如下所示，目的却非常有限：这只是对正念的基本介绍。如果你在训练的过程中有什么思绪或情感进入你的大脑，你可以意识到它们的存在，但无需多想：你只需回到自己专注的事物上，任这些思绪与情感自然消逝。

1. **选择桌上有小物件的桌边坐下，**茶杯、马克杯或者装有食盐或辣椒粉的调料瓶都可以。

2. **仔细盯着这个物件**几分钟，仔细观察所有你能看见的细节，但不去触碰或移动，你只需思考它是什么样子的，而无需评判它的美丑或功用。

3. **专注于你的感受。**身体坐直，闭上双眼，去体会身体的感受，体会肌肤与衣服的触碰，体会椅子和地面支撑臀部与双脚所带来的舒适感。

4. **花几分钟将你的思想集中于你所听见的声音，**可能只是你自己呼吸的声音，也可能是邻居家的广播声或者窗外飞机掠过的声音。

5. **回顾你刚刚所经历的事情。**这样通过将注意力集中于一个物件，再是身体感受，然后是声音，你已经为自己的成见打开了一道缝隙。久而久之这就会成为你振奋精神的主要源头。

好的途径。以正念的态度生活意味着活得更精彩、更智慧、更从容、也更灵活。你会在自我理解上有所收获，并能将这些收获转化为快乐人生的奠基石。面对生活中出现的困难与挑战，你将不再畏惧与退却；当机会来临时，你也能及时把握，将其愉快地纳入你的生活。思维的各种习惯会残留，但也不过是一股推力，助你更自由地培养更健康的思维方式。

“当下”

正念最重要的部分就是“当下”。这并不是说你需要集中注意力于当下，因为当下这一刻也是易逝的。相反，你需要做的是将注意力集中于你当下的体验，忘记过去和未来，忘记时间的流逝，同时抛开任何进入你大脑的思绪和情感。你也许正专注于正在做的事情，看或听的事物，又或者感受的某种感觉，比如你的呼吸：如果你能以放松但坚定的注意力聚于其上，那么你就做到了专注。正式的正念练习，包括本书中所述的，是可以将身体、呼吸、行走，甚至任何物体都作为我们注意力的聚焦点的。

新的时刻，新的你

正念的好处

思考技巧

- 更好的记忆
- 更快的反应
- 更强的意志
- 更敏锐的直觉
- 更快捷的思维能力
- 更全面的大脑功能
- 更集中的专注力
- 更果断的决策力

罗列正念的好处与估量爱的价值如出一辙：它的价值是自身固有的，因此想要把它理得清清楚楚反倒是有点本末倒置。然而，人们对正念的研究却并不少见，而且作为激发大家一试的动力剂，列出一张实实在在的好处表也是大有裨益的。

现代正念理念的先驱乔恩·卡巴金博士曾写过这样一段话，让人疑虑尽消：你不需要喜欢正念练习，你只需要切实去做就行。他知道有些人觉得正念是件累人的事情，但同时他也意识到正念给人带来的实实在在的好处。他早期的研究如今已经得到各种科研的证实，事实证明正念可以有效提高人的身心健康状况。研究同样表明了正念在减轻压力和焦虑方面的突出效果，因为它能降低人体内的皮质醇水平，而皮质醇有时又被称为“压力荷尔蒙”。而且因为压力会损害人体本身免疫系统的有效运作，所以相应地正念也常与提高人体免疫能力联系在一起。

正念给身心健康带来的好处是不可否认的，从缓解压力、减轻痛苦到提高睡眠质量，甚至还有可能帮助自己从消沉和上瘾的桎梏中跳脱出来。而健康之外便是幸福广袤的天地，在这里正念练习所带来的优势更是以令人眩晕的速度成倍增加。正念不仅使我们变得更专注、更踏实、更自知、更自信、更果断，还能帮助我们逐渐摆脱思维习惯的摆布。总之，正念为我们开启了一条新的生活康庄大道。在这条道路上，我们不仅学着如何更从容地应对人生中的起落和挫折，还能从人生各种喜悦当中获得满足和享受。我们不再被自己消极的思考模式所牵绊，而是让自己在尽情释放潜力的路上再启征程。

正念给身心健康带来的好处是不可否认的，从缓解压力、减轻痛苦到提高睡眠质量，甚至还有可能帮助自己从消沉和上瘾的桎梏中跳脱出来。

幸福循环

正念的好处体现在更健康、更冷静、更得宜（如果保持得宜是我们选择集中注意力的地方）的生活方式，也体现在拥有一套高效的生活技能，使得我们生活中的方方面面都更有回报。

健康与幸福

降低焦虑度
适应疲劳
减少压力
摆脱消沉
缓解痛苦
对上瘾行为和自我堕落更强的控制力
更强的免疫能力
更好的心脑血管健康状况
更优质的睡眠

自我意识与生活技能

更好的自知
跳出惯性反应的自由
更好的情绪控制
更好的交流
更高效的公众演讲
更好的聆听技巧
更具有同理心
更自立
更高的情商
更强的逆境适应能力

幸福与满足

更强的自尊
更强的自信
更好的休闲享受
更好的情感关系
更强的工作满足感
更强的目标感
潜能的全面释放

正念如何最大化减轻痛苦？

正念给健康带来的好处当中有一些源自于“迟钝”，而这种迟钝正是正念训练而成的，比如情感上的迟钝。痛苦就好比一种情感，总是想要将我们卷入情感的漩涡之中与其纠缠混战。有时我们为了停止身体某个痛处所带来的折磨，可能会用力按压或攥紧疼痛处的肌肉。或者直接陷入与痛楚的斗争之中，有时甚至恼羞成怒。这些过激的反应不仅耗费了我们的精力而且于事无补，我们的痛苦并未得到减轻。与之相反，正念对待痛苦的方式是接受它们的存在，同时将痛苦引起的情绪性反应从中剥离出来。痛苦得不到情感的刺激加强，自然也就越来越弱了。

思绪满心头

注意力与注意力分散

正念其实是我们在当下对注意力进行内在的指挥管理，是去体会我们当下的感受，探索脑海中产生的想法与情感。当注意力分散时——可能听见窗外鸟儿啾啾，可能某段记忆浮上心头——不用太紧张，我们只需顺其自然。

思维是一种乐器，也是内心世界的风景，而思绪如柳絮拂过脑海，不管我们多么想要将注意力集中于眼前的任务，一些乱七八糟的思绪总是会时不时地浮现，分散我们的注意力。我们可以选择对此有所反应，也可以选择更专注的方式加以应对——继续保持当前专注于任务的状态就行了。

我们的思绪和直接体验，彼此分离却又不停地相互作用。尽管人的大脑看起来像是一个终极的任务处理器，可以同时处理多种任务，但事实上这个处理器一次只能容纳一个想法。大脑常让人产生同时处理多个任务的假象：顷刻之间，有些想法冒出而有些想法就消失了，消失的想法不久又会重新浮现，这样大脑看起来就像是在同时处理很多想法。在这个疑惑当中，感受和想法是按照一定的序列排列出现的，并且这些序列常常是从直接体验中衍生出来的。这个概念通过实例可以得到很好地解释。

收音机，马铃薯，木材，晚餐

我们在家一边削马铃薯一边听收音机，除了新闻播报员的声音，可能还不时传来几声花园里的噪音。顷刻间我们就能辨识出这是劈柴的声音。噪音很快就将我们的注意力从新闻中抽离出来，转到劈柴之人上，也许还会想起烧烤用的火是不是已经点好了。尽管此刻收音机里的新闻还在播个不停，但我们早已无心于新闻了。我们可能也会暂时放下手中的马铃

> 我们对出现在脑海里的思想做出反应；也可以只是了解它们的存在而不加以评判——这就是正念训练法

薯，沉浸在今天晚上会不会很晚才吃饭的思索当中。我们这是怎么了？其实这一切只不过是我们的注意力不再集中于当下——它已经信步漫游去了未来，去关注未来的事情了。通过正念，我们就能够在这种场合控制注意力：我们可以选择走出门外与劈柴的同伴交流，也可以选择专注于收音机里播报的新闻，或者干脆专心削马铃薯。我们可以选择在脑海中屏蔽劈柴这个想法（甚至可以做到一连几分钟压根就听不到任何劈柴的声音），自然也可以选择稍后再想晚餐的事情。

选择专注的对象

在正念训练中你需要选择一个专注的对象。你只需将你的注意力集中于这个对象之上，无须担心会有什么分散注意力的想法或感觉，即便是出现了难以预料的事情（比如闹钟响了或是电话响了）也不必担心。你再一次调控自己的注意力，将其全部集中于现有事物之上——也就是你所选择的对象——不管这个对象是你的呼吸、身体感官、还是其他物体。

思绪的涟漪

我们大脑处理感受、想法和情感的方式就好比一滴雨滴掉进了池塘。直接体验——我们的各种感受和情感——就是雨滴掉入池塘的地方。最里面的一圈涟漪代表我们最初的想法，而外部的圆则是由内到外衍生出来的想法。各种想法又不断衍生新的想法，直到我们将注意力挪到别处。而正念训练正好为我们提供了日常生活中调控注意力的方式。

专注力的水滴

体验的水滴掉落在平静的水面上，激起无数涟漪，这就是常见的正念象征。

静静观望

只专注 不评判

正念以一种专注的思想来操控自己的注意力，只注重当下，不做任何评判。这究竟是什么意思呢？为什么当我们专注于一件事情，比如说我们的呼吸或身体感受的时候，评判的问题就会出现？

想象一下你现在正在进行正念冥想，你将注意力集中于自己的呼吸。慢慢坐下，现在你开始将自己的想法转移到椅子边缘与大腿接触处的压力。其实每次你坐在椅子上吃晚餐或者写信的时候这种压力都存在，只不过你没有特别留意而已，或者压根就没想在意这个。现在你将这种感觉置于意识的中心位置并保持稳定——这就是在当下有意识地集中注意力的示例。

游离的思绪与感觉

我们中很少有人可以完全控制自己的想法。简单点说，我们的大脑就是容易游离。因此当你坐下，将你的注意力集中于大腿的感受时，你的注意力极可能会分散。而分散你注意力的事物有一些是外部事件引起的，比如远处闹钟发出的响声，或者邮递员推开你家大门的声音；而另一些则是在你全神专注的时候产生的。

思绪或情感的碎片会自发地从

不置评判

在实际训练中不带评判究竟是什么样的呢？试想一下如下场景：这个周末你那淘气的表弟要来你家拜访。你知道自己必须跟他进行交流以促使他的行为更得体。在他来之前，你正投入于正念冥想，但总有各种思绪入侵你的脑海，扰乱你的专注；而这些思绪会引发各种情绪，最终导致大脑做出反应——也就是评判。其实，在正念训练当中你只需简单地承认这些思绪和情感的存在就好，完全不需要对其做出任何反应或者与其纠缠不清。

思绪	情感	评判
“我该如何开始这段谈话。”	对一项艰巨任务的焦虑	决定尽量言简意赅
“他完全使这谈话进行不下去。”	不耐烦	决定推迟另一个安排
“他会说什么？”	恐慌	决定一定不能让他的言语影响到自己，一定不能动气
“上次我们交谈的时候，我不是特别坦诚。”	没能表达自己想说的所带来的烦恼	想着也不能太苛求自己
“他现在已经处境艰难了。”	对表弟身心健康的关心	想着他是否真的需要这种咨询辅导

评判垃圾箱

在正念训练当中，各种感受——这也是你当下体验的一部分——会不可避免地浮现在你的意识当中。承认这些造访者（如下列思绪图中粗体所示）的存在并没什么不好的。但你要做的是抵挡住诱惑，不对它们进行任何评判（灰体所示）。而这些往往会妨碍你的冥想，让你浮想联翩。

你五彩斑斓的潜意识中出现。通常，它们都是些无关紧要的琐事——好比你在哪儿落下了剪刀啊，或者你该在什么时候去接女儿放学等等；有时还可能是一些不明所以的焦虑；甚至有时还可能是些更麻烦的情感，比如愤怒或恐惧。有时出现在你脑海可能只是一些思绪，但通常情况是伴随它们而来的还有各种情感。如果你对自己说：“我现在真的不想脑海里出现这些思绪或情感，我的第一次正念训练都要被毁了”，那其实你就已经步入了评判的误区——只不过是没有说出来罢了。在正念中，我们不应对入侵脑海的思绪和情感有所评判，那又该如何应对它们呢？答案是你只需记得自己已经意识到它们的存在，也注意到自己是如何体会它们，但你还是将自己的正念重新集中于身体的感受上——你的呼吸或者你大腿的感受。你不能使自己陷入这些思绪和情感之中，而是让它们自然消退。这就是实际训练中的正念。

五五效应

研究表明我们行走时有一半的时间思维无法专注。

自动操控的力量

想法、感受与行为的模式

“自动操控”是正念的反面：这种状态下的思维摆脱了当下，但却受困于过去形成的习惯之中。对于我们的自动行为，顺其自然不仅能够令我们避免过往的拉扯，同时还能给我们的幸福提供一个更好的机会。

“自动操控”能使我们执行基本的生活功能，而无需占据我们的注意力。它也能帮助我们学会复杂的新技能，比如驾驶车辆或盲打输入。一旦我们投入到技能的学习当中，这项技能就会变得自动化——比如你心无旁骛地驾车驶往一个目的地。这也常常是大家所渴求的，因为它使我们的思维可以自由分配到其他需要专注的事情上去。然而，自动操控也并非百利无害，有时它也会对我们起反作用，尤其是在我们发展情感生活的方式上。我们常常试着将我们所获得的过往经验加以运用，以期在将来获得更幸福的结果。但是当我们不断地自动重复这个过程时，问题就出现了：对于相似的情形我们总是给出相同的情感反应，尽管上一次的结果与理想相去甚远。

消除消极模式

当“自动操控”模式开启时，大脑会窃取过往的反应。我们并没有意识到，其实我们可以有很多选择。我们完全没必要因为曾受到某种情形的伤害就感到自己受伤了。

五个关闭“自动操控”的小方法

通过正念来消除你情感生活中的习惯反应需要很长时间的训练，现在这里有五个小方法能够帮你一改惯例：

1

把手机放家里

不带手机在身上可能会让你很没有安全感，因为我们已经习惯了这种时刻与外界保持联系的状态。但是只要我们带着手机，我们就无法做到真正意义上的独立。所以，试着放下手机，重新感受下独立的状态吧。

2

跟陌生人聊天

试着在购物或者上班途中花几分钟找个陌生人聊上几分钟。除了亲友同事，“自动操控”会削弱我们与他人的联系。因此意识到其他人也许能为你的人生提供某些新的元素其实大有裨益。

这种有意采取坚决行动打破固化模式的方法，并非克服消极模式的最佳选择，反而可能适得其反，令这些模式得以强化。此时我们真正需要的其实是一种全新的、更具正念的思维方式。活在当下，以一种接纳而非评判的态度对待过往的经验，我们的反应将变得更加镇定自若，灵敏迅捷。换句话说，当正念占据主导地位时“自动操控”就被取而代之了。

当“自动操控”模式开启时，大脑会窃取过往的反应。我们并没有意识到，当我们处于自动模式时其实我们可以有很多选择。

自动操控与正念专注：完全对立的风格

如果让自己内在的生命处于“自动操控”的模式，那我们面临的将是不断重蹈覆辙，一次又一次地经历相同的风险，最终停滞不前。而正念可以将我们的情感模式带入意识之中，使我们可以更好地看清自己的潜能。

自动操控模式	正念模式
我们以习惯做出反应。	我们以意识做出回应。
我们只是空洞地重复过去。	我们充分享受当下。
我们无视现实。	我们接受现实。
我们忽视细节。	我们注意细节。
我们只是再现固化的模式。	我们眼观宏图，高瞻远瞩。
我们的选择非常有限。	我们选择广泛。
我们一味重复过往的情感。	我们拥有全新的情感。
我们无视自己的潜能。	我们意识到自己的潜能。
我们无法充分享受人生的乐趣。	我们更享受人生的乐趣。

3

与你的搭档尝试一件新事物

带上你的爱人一起尝试一件你们以前从未体验过的事情——从外出远足到足球比赛，任何从没尝试过的事情都行。日复一日的枯燥生活会消磨两人的激情，新鲜事物能够让你意识到并努力摆脱习惯的束缚，重新点燃你们的激情。

4

打破一成不变的行走路线

停止以往固定的路线，选择一处全新的领域开始探索之旅。必要时可以早点出门，边走边看，仔细体味，试着从这次经历中发现一些收获：比如发现一家你可能再次光顾的商店，或者某栋房子的色彩搭配值得借鉴。

5

一气呵成解决问题

自动操控使得我们患上拖延的毛病，总是尽可能地避免任何给我们带来不快的经历。可既然任务一定要完成，那就尽快规定好完成时间。不要让任务纠缠不清，令你左右为难，试着全神贯注一气呵成地完成它。

正念是指在当下
有目的地
集中注意力，
但不做任何评判。

一千片落叶

于重复的琐事中寻找当下

任何重复的琐事——从漆墙到洗碗——都为正念的训练提供了绝佳的机会。清扫落叶有某种禅宗的意味：在日本寺庙的花园中，缤纷的落叶装饰着整个花园，而将这些落叶从泥土中扒出、清扫干净却是修行的必备功课。你可以将这个作为行动中的正念入门功课。

英国的侦探小说作家阿加莎·克里斯蒂曾经有一句名言：构思作品的最佳时机就是你洗碗的时候。这一句话便透露了她的秘诀。“不费脑子”一词很容易就将自己附属在日常的琐事之上，因此如果当你可以只凭借自动操控就能很好地完成一项无聊的、机械般重复的任务，从而将自己抽身其中时，何乐而不为呢？你在洗好碗碟的同时还可以集中注意力来解决一些棘手的问题。

为什么你会想要使一个不费脑子的任务变得需要专注呢？本来完成清扫庭院这件琐事的每时每刻都全神贯注其中就已经够糟糕了。你也许会说，这些时刻也可以是很珍贵的，只要你不将它们花在清扫落叶上还想试着享受这个过程。

一而再，再而三

这种对盛行的无知观点进行嘲弄所引发的问题其实是值得严肃思考的。当你在清扫落叶的时候思考问题是否就真的会错过一场重要的经历？不带正念地直面这项无聊的任务你是否就真的会令它完成得更快更好？而且当你已经清扫了一千片落叶，是不是再清扫几百片就真的可以令这次经历更丰富？

任何体验过正念价值的人应该都可以毫无困难地处理这些问题，因为光凭直觉就知道正念是如何运作的。首先，他们会知道正念并非规定不变的。如果某人脑海中有菜单需要设计，或者演讲需要筹备，那就完全没有理由质疑他们在清扫落叶的同时专

以正念的方式清扫落叶并非只是去了解落叶是什么样子的，或是让自己亲历一段心智的苦行——你的心智一定会游荡不定而你却可以从它的迂回婉转中收获良多。

注于另外的事情——尤其是当他们发现自己在这种情况下恰好可以更高效地思考的时候。这不过是一种选择。正念并不像你的抱怨唠叨和逻辑思维那样，可能将各种选择强加给你。

思考与注意力分散

有意识地利用扫地时间去思考问题，与在不带其他目的只为完成扫地任务的情况下实现思考问题之间，还是存在很大差异的。人们从事一项惯例活动时，思绪常常会漂移到各种计划上。最后发现自己脑海中总是没用地重复着相同的想法——直到思考也变得跟扫地一样，可以自动操控了。不仅如此，他们的心态还很有可能陷入毫无意义的担忧之中。本来在任何情况下，如果将你的思维从一项重复的工作上脱离出来，那你的工作速度和效率就都很可能会降低。没人会想要百分百地投入到清扫落叶当中，但是如果你真的选择在这个时刻做清扫，全神专注，不带评判地做清扫（而不是想着“这太无聊了”或者“要是燃烧落叶时火能绕我一圈就好了”），那么你将为脑海中的各种思绪创造出一个稳定的落脚之地。如果这些想法总是游荡不定，而你也开始担忧什么事情的时候，正念模式的做法是观而不陷，然后温柔地将你的注意力移回到清扫落叶的任务上。你会发现自己享受了一种完全不同的双赢——既完成了任务，又给了当下一些“治愈时间”（这些时间就是治愈的，尽管你不会知道）。

将正念带入一项惯例任务之中能给你提供活在当下的机会，长此以往能够帮助你平衡自己的心态，带来非比寻常的益处（详见本书18-19页）。总之，从长远的角度来看，正念将会逐渐令你的心智思维焕然一新。

花园冥想

当你清扫落叶之时各种思绪与情感会纷至沓来，出现在你的脑海。你可以选择静静观察，但不可受制于它，直到你的注意力重新归于清扫。

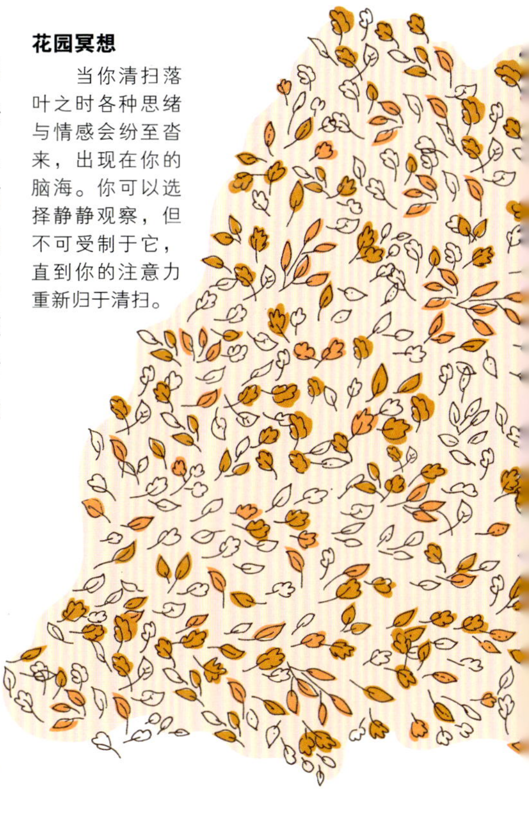

以梦为马

正念与幸福

幸福曾经一度被认为是一种个性特征：你的性格可能快乐、阳光；也可能悲伤、阴郁。然而，最近行为主义心理学家的研究表明，幸福其实并非是固定的性格特征，可能与正念存在密切关联。

常言道，金钱买不到幸福。同样，金钱也买不到快乐。很多人最初的目标是财富的满足，是肉体的兴奋，或者性爱的欢愉，但最终都落个身心俱疲的下场。享乐主义就好比一台永不停歇的跑步机，一旦你踏步其上，那些你以为某一天会给你带来快乐的事物最终却没能奏效。于是你又换到另一件事物上，你一直在追寻满足，却仍旧一无所获。

正念，尽管它给“当下”赋予了很高的价值，但却与“今朝有酒今朝醉”的观点绝不相同。正念与“当下”建立了一种特殊的关系，从而给你带来幸福。

爱与友情

如果物质享乐与精神愉悦都不是指向幸福，而是偏离了幸福，那么我们选择哪一条路才能走得更远？很多人会说爱才是他们最大的满足——这种爱是老夫老妻细水长流的爱，是我们与家人、朋友之间平静朴实的爱。正念，它让我们向自己最珍爱的人敞开心扉，鼓励我们去理解他们，去向他们表达自己的情感。它为我们爱的生长贡献了一片肥沃的土壤。正念还

左转是幸福

21世纪初，美国威斯康星大学的理查德·戴维逊博士发现，大脑某些特殊部位的电流活动与已知的各种幸福感之间存在着密切联系。他的研究表明，积极的情感常常伴随着大脑左前叶皮质的额外活动，消极的情感则伴随着大脑右前叶皮质的额外活动。二者测量结果的比率就是“心情指数”。戴维逊博士与美国麻省大学医学院的乔恩·卡巴金博士接下来的研究表明，进行过正念训练的人们，他们的大脑中读数更倾向于左边。正念，用更接地气的话说，它给我们的大脑进行了“按摩”，让我们的大脑更积极地面对人生！

一个新的方向

冥想能够帮助我们给大脑“换上新的天线”，大大提升我们对幸福信号的接收能力。

为我们贡献了一种叫做“慈心正念”的心智冥想（详见138-141页）。这种“善意训练”打破了我们对于宽容的界限，让我们不仅仅只是对亲密之人心怀怜悯，对普罗大众也同样心存善意。它还证明了“福报循环”的道理，只要人人都献出一点爱，人人都会成为爱的受益者。

目的与感激

被问及是否幸福，人们常常会谈到“目的”——知道自己在做值得的事情，或者至少知道自己想做的事情是值得的，从而有满足感。正念训练能帮你认识到，自己真正的目的不过是自我认识放大后的一部分；同时通过帮你锐化自己的注意力和决策力，构建强大的自信实现你的人生目标。

心怀感激同样也是幸福的来源。正念也鼓励大家打破那些妄想的尊贵优越，使你更清楚地意识到友情、美丽以及人生中其他财富的珍贵。此外，坦然接受那些不能改变的事情也是另一种正念品质，同样能有效提高我们的幸福感。

压力下的幸福

每个人都会有这种感觉，不幸，或者那些我们犯过错误所招致的后果总会时不时地来检验下我们的适应能力。正念会促进你的适应力，因为正念滋养出来的幸福是不会轻易受到伤害的。人生充满了各种挑战，在困难重重的表面之下，正念能帮你找到满足的核心。

由内而外的幸福

下面这些词语——其实并没有按照什么特定顺序排列——构成了一张清单，或者说一张提示单。按照清单中的方法去做，可以给你的生活源源不断地注入幸福，但要记住要懂得付出和专注。

自我成长

正念与潜力

人们感到快乐，是因为意识到自己具有一种潜力，只要环境允许，就可以尽可能地活得充实满足。我们已经了解了正念是如何帮助我们挖掘这种潜力：下面是一些延伸的想法，能够帮你推倒阻碍潜力挖掘的壁垒，然后你就可以自由选择实现人生的方向。

能够帮你激发潜能的项目其实有很多，可能会激励你发展新的兴趣或者建立对自己优良品质的自信。正念并不是反对这些技巧，而是采取更有条理的方式达到“自我激发潜能”的目标。当你进行正念训练时，冥想会帮你把自我形象中的所有消极性剔除出去，而以“自知”与“自怜”取而代之。然后你就可以按照你对事情定义的轻重次序进行自主选择。

内心的声音

有时我们无法全面激发自身的潜能是因为我们过分自信了；在某个充满竞争性的领域对成功抱以过分乐观的态度常常不可避免地会导致失望。然而，妄自菲薄，那情况可能会更糟。在正念的状态下，我们能够意识到这些习惯思维模式的存在，但不陷

关于失败与成功的人为信号提示

我们常常会根据外界的信号提示对自己做出评判，并形成自己的态度和期望。这些信号提示既有积极的也有消极的。以下就是一些信号提示的示例，阅读的时候你可以停下来想想这些提示在你心情形成的过程中所扮演的角色。正念可以帮助我们透视这些提示，从整体上俯瞰整个人生。

积极提示	消极提示
他人的称赞	他人的批评
良好的结果	不好的结果
一天开端良好	一天开端糟心
一天结束良好	一天结束糟心
关于进步的好消息	关于进步的坏消息
比期望做得更多	比期望做的更少

入其中，而是将注意力集中于当前体验的现实上。如果我们沉迷于自我批判，那只会裹足不前。我们应该学会忽略脑海中那些消极的声音，除非它们能够激励我们，让我们更加笃定。

> 当你进行正念训练时，冥想会帮你把自我形象中的所有消极性剔除。

日常中的潜能

说到“自我实现”，很容易令人产生迷惑。这个与成就不同，成就有种出名的意味，给人都留下一种从同辈中获得赞许与尊重的印象。举个例子，在权衡是否牺牲自己的事业成为全职母亲的问题上，许多女性认为家庭地位低于职业地位。当然，这取决于个人的价值取向。

如果对“自我实现”的意义感到迷惑，那正念正好能够帮助我们厘清事情真正的轻重次序，同时也让我们不会因为选择了这个没选那个而有罪恶感。正念还能帮助我们摆脱他人观念的影响，因为这些人的观点不是太消极就是太有奉承之嫌。

非正统视角

当我们考虑如何激发潜能的时候常常会面临一些问题，其中之一就是该在何处着力？是否应该凸显优势，改正不足？寻求这个问题的答案需要进行自我反思：我们是否真的像自己认为得那样不擅长交流？我们是否真有天赋，能够承受得住新职业的重新培训？面对这样的问题，直觉和意识是关键。这两样东西能够带领我们避免“漏斗效应”：如果我们想在某个领域取得进步，那么不能把精力花在其他事物上。要谨防片面的正念：囿于正念自察，以偏概全，未能系统观察。

预见“自我激发潜能”

为了释放你的潜能，最好的行动途径就是进行有规律的正念冥想。以下的这些观点，是以第一人称进行阐述的，为我们提供了一个简短的“预见”。通过这个“预见”你可以预先看看你的训练进程。

- 对个性的逃避，向我们揭露自己的个性我就是我自己，是完整的自己，并非别人眼中的我的总和。
- 鉴于所有相关的因素，我有我自己的优先考虑。
- 我有自己选定的目标，在实现这些目标的过程中我对成功有自己的标准。
- 对于期望我很谨慎，但对于自己的目的我无比坚定。
- 我了解自己的感受，也知道该遵循哪些感受去行事。
- 一旦环境改变，我所考虑的优先轻重，甚至我的目标也会发生改变。
- 我会坦然接受发生在我身上的事情，无论发生什么绝不颓废丧志。

建设性的对话

你表达内心对话的方式会给你的潜能激发造成阻碍。

正念与传统

佛学根源

万法惟心造，诸相由心生。相由心生，境随心转，境随心转则悦，心随境转则烦。

——佛偈

正念有它佛学的根源。作为一种信仰，佛学历史已长达2000多年。佛家的教诲大都收录在古经卷《法句经》之中，其中有一章的开篇便提到“学正念清明”。

大约公元前6世纪～公元前4世纪，释迦牟尼佛，通常我们简称为佛，几乎终其一生都在印度北部传经布道，宣扬他的教诲。

这位佛从未声称自己要成为先知或是无所不知的神，尽管他早已通过冥想获得大智大慧（“佛”即觉悟者，勘破人生真意，知晓疾苦缘由）。佛涅槃之前，他谆谆告诫世人要“不忘正念”（也许于今日某些人而言已不再那么关系紧要），避免无尽的轮回之苦。佛深知通过培养正念才能开明见智——并非通过什么想法而是通过专注于直接体验。

身外之物，放手释心

佛对教条学说并不感兴趣，佛教也并非完全意义上的宗教。相反，佛只想教化世人，教会世人以一种实际的方式应对人生的疾苦。这其中自然包括训练世人如何看淡人生的“附属之物”，舍弃我们所割舍不下的幻象，比如愉悦、欲望、舒适以及过往——因为所有的这些“幻象”迟早都会烟消云散，不遗一物。迷恋这些最终必然消散的身外之物只会引起我们的痛苦：倒不如放手“释心”，这样才能将自己的心智从幻象之中解脱出来，免受不幸之苦。就在这个变得愈来愈清醒，对自我与人生大体的认知愈来愈实际的过程中，我们收获了平静。

为了将我们自己从无尽的欲望中解脱出来，寻得佛所说的平静，我们需要了解自己的心智。就不得不强调佛学中冥想的重要：在冥想之中我们找到了静止——从物质世界的索求与

正念的四大支柱

四圣谛可以说是佛的教诲最基本、最确切的表达：

1. 世事“皆苦”——“苦谛”
2. 贪欲是苦的根源——集谛
3. 若想解脱，须摆脱贪欲——灭谛
4. 离苦之路——道谛（见上文右图）

我们可以将上述四条真理转述为正念的四根支柱：这组见解可以将我们从错误与不幸福之中解救出来。

现代生活自有其挑战，比如为了得到更多去奋斗，内心常常充满嫉妒，而这些都能破坏我们的幸福感。

情感世界的喧嚣中剥离出来的静止，然后我们变得开明、体察、智慧。佛传授了数种冥想的方式，旨在建立内心的平静与洞察领悟之力，培养怜悯之心、大爱胸怀以及友善的情操。这些冥想方式如今依旧是正念训练中的核心环节。

佛教正念

佛已告示过我们如何生活在八正道（见右图）之中，并指出追随此正道而为是达到自知与避祸的唯一可行途径。此道称为八正道，是因为它要求我们树立八种优秀品质，包括以有助于实现自由解放的方式建立心智上的正精进、正定（此二者都指的是冥想）与正念。与此同时，佛还明确提到了四种不同形式的正念：随念于身、受、心、法四种所缘。佛将正念的修行置于其教诲中的核心位置，正念之重可见一斑。

八正道

八正道是佛教达到最高境界获得最终解脱的八种正确方法和途径，如下图所示：正定、正语、正思维、正精进、正念、正业、正命、正见。

幸福感的缺失，是因为漫无目的的愿望最后常常事与愿违——求不得也是我们最放不下的。

通过正念我们学着将自己的幸福感集中于自身，不再因为外部环境的改变而轻易受到影响。

我们可以真正选择自己的人生之路，即便挑战真的出现，我们也可以从容应对。

正念与健康幸福

现代治疗方式

20世纪末，基于佛学的正念逐渐演变成几种新的基于冥想的治疗方式。这些治疗方式都是根植于以下理念之中：通过正念冥想，人们的思维方式得以转变，便可以从痛苦和苦难中获得某种解脱。

正念的现代史可以追溯到20世纪70年代以及著名分子科学家、冥想医生乔恩·卡巴-金的研究时期。卡巴-金开发了一套减压项目，以帮助正在遭受各种慢性身心疾病的患者，不管是心脏问题还是急性焦虑症等疾病皆在此列。他在美国麻省大学医学院开设的为期8周的课程也正是基于冥想和身体意识，同时结合了简单的瑜伽动作。1990年重新发起的MBSR，即“基于正念的减压”，特征上具有世俗性，尽管它根植于佛学。

你哪里对劲?

卡巴-金考察了使我们感到压力巨大的原因以及我们共同的苦难源头。他考虑到了现代生活中的种种挑战，同时也没有落下老生常谈的问题，比如自卑。尽管如此，他格外强调“你哪里对劲？”一如强调“你哪里不对劲？”他指出通过将注意力从消极事物转移到积极事物上来，我们就可以将自己从一些与疾病相关的令人衰弱的想法和感受中解救出来。

关于抑郁的研究

此后不久，各种治疗师与研究者开始将MBSR与现行的心理治疗进行结合，其中最引人注目的要数认知行为疗法（CBT）。这种治疗方法起初旨在帮助那些患有严重抑郁的人，其基础理念是想法、感受、感知与行为是相互关联的。消极的想法和感受可以将人困于恶性循环之中。治疗师通过将大问题分化为若干小问题，然后演示如何改变这些消极的模式，最终以患者的感觉良好为治疗成效。而将CBT与MBSR结合起来的治疗方式称为基于正念的认知疗法（MBCT），研究显示这种治疗方式更高效，尤其

“看到一个人在8周之内从抑郁消沉转变成易于接受新事物，乐观向上并且能够享受当下，这真是太奇妙了。”

——保健专业人员

临床成效

临床证实，基于正念的认知疗法，能够使遭受过三次及以上阵发抑郁症的患者的复发率下降50%。

灾难之书

卡巴-金写过一本大部头著作，书中详细描述了他的“基于正念减压法”以及一些源于抑郁患者并激励着他们的真实经历。书的标题很吸引人，《全灾难人生：利用身心智慧面对压力、痛苦和疾病》（1990），灵感来自于电影《希腊人佐巴》中的一句台词。当佐巴谈及他的家庭生活时，坦言“完全是一场灾难”（见右侧）。标题中对压力和疾病的认知，为很多后来的书写正念的作家奠定了基调。该书的扉页由越南禅宗高僧释一行禅师作序，卡巴-金曾在他门下研习佛学。

“你结婚了吗？”

剧中的英国作家巴兹尔在研究一份关于佛学的手稿时问道

“难道我不是个男人吗？难道男人不蠢吗？我是个男人，所以我结婚了。但是，妻子、孩子、房子，所有的一切，都是完完全全的灾难。”

——亚力克西斯·佐巴

是在减轻抑郁复发方面疗效显著。

MBCT致力于帮助人们理解抑郁症——是什么原因致使他们易受情绪波动的影响，以及他们为何会被困于情绪的谷底。这种基于正念的认知疗法使人们更好地了解了自己的身体，因此能够及时对抑郁信号产生警觉。通过正念，一旦自身情绪低落人们就会有所察觉，并及时进行调整，阻止这种情绪低落的趋势，重返自尊自敬的状态。

许多MBCT医生都意识到，正念并不仅仅可以用于治病，对于任何难以应对现代生活中不断冒出的需求的人而言也都是大有裨益的。尤其是在帮助人们在人生中的关键时期，比如怀孕时期、平衡工作与生活压力的奋斗期、更年期形成良好的适应能力方面，正念同样也是潜力巨大。

ACT的灵活性

就在MBSR与MBCT都把各种形式的冥想作为核心正念技能时，一种新兴的治疗方式——接纳承诺疗法（ACT）却聚焦于三种心智技能，分别是缓和、接纳、接触当下。ACT的先驱是美国心理学家斯蒂文·海耶斯。ACT旨在帮助人们实现心理上的灵活性——这种灵活性指的是具有活在当下的能力，有意识地、胸怀开阔地活在当下的能力，然后在他们自己拥有的价值观的引领下采取行动。

将注意力从消极事物转移到积极事物上来，我们就可以将自己从一些与疾病相关的令人衰弱的想法和感受中解救出来。

主流之势

正念革命

如今正念的传播势头迅猛，因为它不仅训练方式简单方便，而且确有实效，无论是对于个人工作效率还是身心健康状况都助益良多。凭借这些优势，正念已然成为21世纪头20年的主流。

任何自助训练修行，只要标榜能够提升我们的幸福感，都有开宗立派的机会——尤其它还是建立在实证研究的基础上，能够真实地向我们展示其能减轻病痛的折磨，摆脱压力的桎梏。从个人工作效率角度考虑——也就是提高正念、记忆力、交流能力以及情绪控制能力——你也能明白为什么正念运动会如此气势如虹。

乔恩·卡巴-金曾说过，正念训练所带来的益处是直达根本的，因为我们并非只为解决表症：我们要“善待自己”，在深层意识中与自己友善共处。正念带来的这些特别的收获使其受到商界大腕与公众名流的青睐。谷歌2007年开始的“检索内心关键词（硅谷最受欢迎的情商课）”项目就向1000多名公司员工介绍过正念训练。同样的举措硅谷很多大企业家、世界财富500强企业、美国五角大楼的首脑们以及许多多的大企名企也都曾采纳实施过。

> “减轻压力与正念并不仅仅只是令我们更幸福更健康，事实证明他们同样也能令我们在商业上更具有竞争力。”
>
> ——阿里安娜·赫芬顿，美国《赫芬顿邮报》创始人

工作上的正念

正念既能够促进幸福感，又能够提高个人工作效率，这两点的结合正是对雇主的最大吸引所在。正念帮助人们打磨技能，使得他们在工作中更加专注，能够更好地把握事情的优先轻重，从容应对各种问题，合力进行团队协作，乐于带领他人，同时也变得更具有创造力。在这种革新与高效之下，收获也就是自然而然的事了。有一点需要补充的是，一个幸福感更高的员工一定是一个更高效多产的员工，安心在一家公司效力的可能性也越高；换句话说，也就是忠诚度越高。

商学院也接纳了正念训练。比尔·乔治，全球领先的医疗科技公司——美国美敦力公司的前总裁，高

专注的世界

正念已经由最初的佛教思想传播到了医疗商业、教育与运动等各个领域，它在这些领域的运用带来了不可估量的益处。

盛集团投资银行的董事会成员，他在哈佛大学商学院的一次尝试发展“自知自悯”领袖者的活动中推介了正念训练。

2011年英国商业教练詹姆斯·斯库勒出版的《领导力的三个层面》一书，为职业发展提供了一种全新模式，其中也强化了正念训练与领导能力培训之间的联系。书中所阐述的体系强调心理上的自我控制，其中正念冥想也是其主要的自我发展工具之一。

正念也渗入了政府与公众服务机构当中。詹姆斯·斯库勒曾在英国皇家军官培训基地桑德赫斯特军事学院，向受训军官展示他的正念训练方法。美国武装部队人员也曾在其“应对策略”项目中接受过正念训练，受益颇多。

不仅如此，在监狱中正念训练也常被用来减少罪犯间一触即爆的斗争与心理骚乱，提高他们的自尊意识。在学校中，无论是老师还是学生也都在享受正念所带来的益处：有些校长认为宗教集会的减少导致了学校生活中的缺角——缺失日常静思的机会，在这种静思中正念冥想的时间也包含其中。

运动表现

在某些运动领域正念也同样被采用。对高尔夫球员、跑步运动员以及射箭运动员们的调查显示，正念帮助他们在运动表现上取得了进步，在竞赛者之间的排名也取得了明显上升。正念给他们运动表现上带来的好处包括更好的正念，感觉“毫不费力”，害羞与不自然的感觉得到减轻，还有成就感的提高。

史蒂夫·乔布斯与商业启示

商业中的正念训练并非一个无中生有的广泛概念。东方的神秘主义已经滋养了一大批商业领袖，他们关心自己企业与员工的健康与幸福感。这种神秘主义想要创造一种具有启发性的商业文化。斯蒂夫·乔布斯，美国苹果公司的创办者及前任行政总裁，就是一个禅宗教徒，他曾阐述过自己的信仰是如何渗透到苹果的产品设计当中。乔布斯曾对其传记作者沃尔特·艾萨克森谈及过静坐与细察的重要性，这种方式能够让你无休无止的思绪得到注意并梳理，从而获得内心的平静，随之而来的还有更好的直觉力。当我们的思维慢下来，你便会看到，一如乔布斯所言的“一种当下的广阔”。

专注的时代精神

改变社会的力量

正念在个人和机构层面发挥的有效性已经有目共睹，一些具有影响力的商业分析师看到了正念更大的潜力。他们豪言正念在很多层面上具有改变社会运作方式的能力。

试着想象一个世界，在这个世界当中正念训练是日常生活的一部分，完全融入于社会之中。那么这样的世界会有什么不同呢？正念的好处体现在哪呢？是减少了在健康护理上的投入？还是学校里学生们取得更高的成就？又或者社会经济生产力得到显著提高？这些都很难预测，但如今社会决策者们的确正在认真考虑。比如2014年，英国成立了一家议员团体，专门研究如何将正念引入公共政策当中。同样也是2014年，在全球最大广告公司之一的智威汤逊广告公司（JWT）所做的一次报告中，正念被定义为塑造社会情绪、态度和行为的十大趋势之一。正念的重要性不仅体现在自身，同时体现在它也对塑造我们生活的其他趋势产生了深刻的影响（见右侧）。

> “现在我们正在尝试变得更专注……寻找更好的平衡”
>
> ——安·马克，JWT

1 周身全包式体验

我们正见证沉浸式娱乐的兴起——对不同层次的受众，通过各种媒体途径带来品牌故事和用户体验分享。一个典型示例便是在精心制作的特殊设备上播放的影片，观众可以参与制作电视节目（一种电视娱乐节目的形式，其中通过发射信号来启动观众家中的电子装置或观众用此种装置影响电视屏幕上发生的事情，或两方面都有）。这种感官的超载可以视为智力上的堕落：它说明我们中许多人不能再以轻奢侈、重传统的娱乐形式来享受快乐。

2 不完美主义

商业转盘以及表面的光鲜亮丽是零售业，同时也是大量消费者所青睐的，但此二者所带来的挫伤令许多人开始在真实的不完美中寻求庇护。这一点于家庭手工业的回归以及老旧材料的再利用——当然也有从环保的角度考虑——中可窥一二。由于正念极为重视自身的真实性，许多练习者很可能将这个理念贯彻于他们的生活环境之中，立身支持不完美主义的队伍。正所谓人无完人，我们都存在各种缺陷与不足，而接受自身的不足就是一种正念的态度。

3 新疑科主义

看到我们的孩子沉迷于各种电子产品，而我们自己每天也不得不接受各种信息爆炸的侵袭，许多人已经开始被“反革命”所吸引。这是基于人类价值观中对事物价值轻重先后的考虑。而在商务中面对面的交流也正在被大力维护。因为正念倾向于直接体验，而不是二手体验，因此许多皈依正念的人都会对数码革命持保留态度。

塑造世界的十大趋势——智威汤逊评测

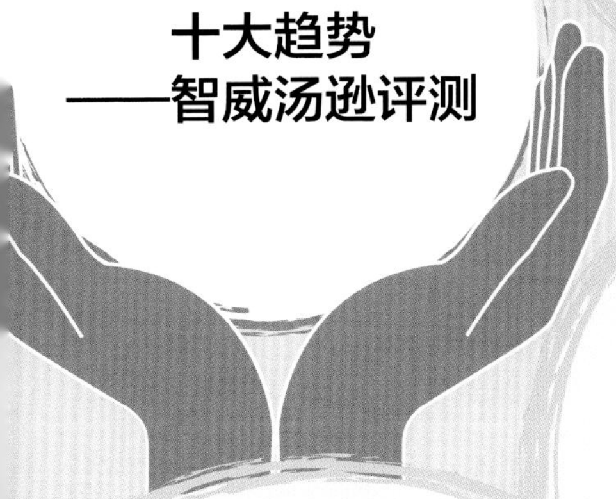

4
即刻满足

随着“有求立应”经济的兴起，对下载速度耐心缺乏等各种现象的出现，开口咨询与收到回复，提出需要与得以享受之间的时间间隔正变得越来越短。网络加速了选择的过程，同时也加速了你所选择货物的配送过程——等待简直就是度日如年！然而，正念训练了我们的耐心，教会我们在最平凡的、无关我们欲望满足的体验中寻找快乐。

5
专注生活

JWT发现，正念一旦与那些追求精神富足的人们联系起来，便很快进入主流的队伍。越来越多的人开始被“杜绝分散注意力，专注于当下”的观点所吸引。当然，人们追随这种趋势是出于不同的原因。有些人只是认为正念很“酷”，如果遇到更有吸引力的社交群体，必然会倒戈转向。更多的人会虔诚地寻找能给他们的人生带来健康与幸福的途径；同样也会有很多人会从压力与焦虑，以及现代生活的重担下，试着找到放松的方式。

6
智能手机力量

智能手机正在不断扩张它的版图，为人们提供了各种通往金融体系、个人健康监管的便捷途径……甚至还涉及正念冥想。这种科技的进步本身没有任何问题，但太大程度上将我们的快乐系于最新手机科技之上，而且确实令我们在情绪上过分依赖于手机科技，是典型的事物价值优先性本末倒置。而且，从佛学的角度而言，这种“执着”无法给我们带来真正的满足，我们在使用手机时的满足感不过是幻象而已。

7
隐私的终结

新兴科技的出现，使得我们更难避免成为私立与公立机构的监控对象。对某些人而言，这简直是一个道德战场：个人讨厌被窥探，自由主义者更是反对隐私权利的缺失，即便是为了安全考虑。专注的人们对此有他们自己的判断：有些人会比其他人更介意隐私。

8
出售读心术

随着人机交互与情绪认知科技的发展，在给消费者的想法与行为方面加上标签变得更加智能，然后以一种高度个性化的方式出售商品给消费者。对于这种基于过去行为来理解个人需求的做法，很多人会觉得很不舒服，甚至有点令人生气：这与专注的生活也相去甚远了。

9
图画与文字

视觉语言，即图表、表情或者类似的东西，似乎正在侵蚀文字由来已久的力量。这一部分是由于全球化的缘故，因为它提供了一条不需要翻译就能通往世界市场的途径。然而，在交流某些微妙的含义上——这也是正念教导我们去欣赏的，图画比文字要简单直接得多。

10
文化混合与匹配

西方社会中的文化混合以及经由网络所培养起来的“挑三拣四”文化，正在鼓励人们创造他们自己的信念与实践结合体，同时将传统元素与更多当下的，甚至是完全臆想出来的观念混合在一起。由于现代正念本身就是新旧融合，融入了来自不同科学领域与大量实验的各种元素，因此很难想象正念训练者们会反对这种大融合的趋势。

迈向专注的你

通过理解想法与表情是如何相互作用的以及它们是如何从过往产生的，我们便能极大地丰富自身的潜能。

你眼中的自己

正念与个性

每个人都有自己的性格，这也是令我们与众不同的地方：我们把此称之为个性。如果将自己的个性特征视为各种倾向而非模式，那么我们就不会那么容易受其制约。正念的做法是先了解自己，然后利用所了解的情况帮助我们做出正确的选择。

心理学家过去很喜欢将对性格的研究进行分类，也将人们分门别类，划分成普遍的几个“性格类型”。如今大家已经不太热衷于这种评估，但仍然会遇见它的各种变体，尤其是在商业世界中需要评价个体对团队工作所做的贡献时。

灰色地带

现在的心理学家更多的是谈“特征”而不是“类型”——相比而言，这种说法更为实用，也不会那么简化。举个例子，瑞士心理学家卡尔·荣格1921年出版的著作中提出可定位人是内向还是外向。这两种性格特征是一组明显的“对子”：你要么是内向要么是外向。但事实上，没有谁是完全的外向或内向。以德国心理学家汉斯·艾森克为代表的心理学家的研究显示，大多数人都是外向与内向的结合，处于内外向的平衡点上，尽管我们常常倾向于某一方。另一种流行的评估方式是从荣格对“思考”和“感受”的对比中演化而来的，有点像从“铁石心肠”到“悲天悯人”的转变。

探索个性

正念强调激发潜能，发现你真正可以选择的选项。真正的正念本身就是在思维、情感和行动的探索中被发现的，因此如果你将自己视为一个固定的性格类型，比如内向的或慈悲悯人的，那么你就一直活在过去而不是当下，你就限制了自己产生积极变化的机会。

然而，利用个性特征作为正念的自我探索的工具也是可能的。想想那些与个性特征挂钩的形容词，然后再对比自身，过去自己待人接物上是否出现过这些形容词所描述的性格特征。这个过程可以帮助你检视你的强处和弱点。正念会帮你达到这种诚实而细致的自我评估。只是在这个自我评估的过程中不要做出任何评判，只考虑当下的这些问题，这样你就更有可能得出一些有用的、忠实于你的体验的反应。

五大个性特征

开启自我探索的一个有趣的起点可能要算五大个性特征了（见右侧）。运用该图表思考你在这五个区域中的位置，这五个区域分别是：开放度、外向度、认真度、亲切度以及敏感度（又称神经度）。

> 个性类别尽管从来都不是一个好借口，但的确能帮助你理解和原谅自己的行为。只不过不要被这些所谓的个性类别所套牢，令自己变得模式化。

五大关键词

心理学家们不断尝试对人类的所有态度和行为进行各种分类梳理和命名，所谓的五大个性特征其实就是综合了各大心理学家的研究成果。这个列表或许有不足之处，但仍不失为“自我发现”的好帮手。你可以将其作为一个引子，开启你的自我发现之旅。仔细浏览每一个类别的范围，分别是用两个形容词表示范围的极端；如果你觉得用这两个词描述自己都不合适，那么你看看能否想一个处于这个范围区间内的词来描述自己。并试着用涵义相近的词汇来建立进一步的自我描述。

开放度

充满好奇 ⟷ 坚信不疑
基于实验 ⟷ 选择慎重
富有创意 ⟷ 强强联合
富有想象 ⟷ 逻辑感强
独立自主 ⟷ 连贯一致

认真度

尽责可靠 ⟷ 悠闲随和
尽职恭顺 ⟷ 自我激励
细致入微 ⟷ 自发自主
小心谨慎 ⟷ 果断坚决
追求完美 ⟷ 自我包容

敏感度

乐观积极 ⟷ 疑虑重重
适应性强 ⟷ 同理心强
信心十足 ⟷ 踌躇不定
鼓舞人心 ⟷ 易受影响
信任他人 ⟷ 警惕提防

外向度

坚定不移 ⟷ 灵活应变
激情洋溢 ⟷ 冷静镇定
善于社交 ⟷ 拘谨自持
能言善辩 ⟷ 沉思自省
畅所欲言 ⟷ 有所保留

亲切度

富有同情 ⟷ 无法安抚
乐于合作 ⟷ 满腹疑虑
容易妥协 ⟷ 态度坚决
顺从服帖 ⟷ 不屈不挠
反应热烈 ⟷ 淡定镇静

倾向当下

你是真正自然的正念吗?

别人不吐不快的时候，你是否享受倾听的过程？与爱人或孩子相处的时光你好好把握了吗？很可能在你的心理性格本质上存在一种正念的尺度，所以你才呈现出“倾向性专注”。如果真是这样，那么你很快就能在正念冥想中如鱼得水。

正念既是一种手段技能，同时也是一种个性特征（尽管并未归属五大性格特征之一，如39页所示）。如果你已经能够做到自知自觉，基本上能够检视自己的思想、感受和情绪，那么你就已经具有迈向专注的倾向了。研究显示，呈现出“倾向性专注”的人们相比其他人能够更好地应对压力，不容易受到消极情绪的影响。他们也拥有更好的心血管健康状况，甚至他们的某些（并不是全部）认知功能也会得到提高。还有研究指出有氧运动有可能促进形成“倾向性专注”，尽管这个观点还有待进一步验证。

不管你是否天生就很专注，通过冥想来进行的正念训练，能够使你在已有能力的基础上获得进一步提高。

倾向专注

如果相比苦苦奋斗所得，你更喜欢简单的快乐，那么你可能就是倾向性专注。

正念是一盏“自我探索”的内在聚光灯，任何时候都能指引你走向真正的自己。

如果你将正念视为一盏“自我探索”的心灵聚光灯，任何时候都能指引你走向真正的自己，那么冥想的作用就是使这盏聚光灯更亮更聚焦。

现在最重要的事情就是区分自知自觉与自我专注了。很多人都会频繁地思考或谈及他们的内心世界，尤其是他们的内在情绪。现在情商愈来愈受到大家的推崇，那些渴望拥有高情商的人大都能够理解这需要同理心，也就是说，具有“设身处地”的能力，然后与他们的所感所受产生关联。同理心反过来也会要求你能够很好地体察自己的感受。不幸的是许多喜欢内省的人，也就是那些声称想成为高情商的人，可能有时会对他们自己的感受体察不当：他们体内那盏聚光灯的确是很光亮，只可惜没有用到照明上。

“正念性情”核验单

为了帮助你评估你的“倾向性正念”水平，试着问问自己下面的这些表述哪些是可以用于你身上的。你选择的越多，那么你拥有正念性情的可能性就越大，尽管以下列表并无什么系统性可言：如果你想进行更为严谨的自我测试，可以做一做这一章后面的调查问卷。

- ✓ 当人们评论你的长处或短处的时候你很少感到意外。
- ✓ 当你感到焦虑的时候，你最先做的就是努力使自己从焦虑中跳脱出来，然后从外围观察这份焦虑。
- ✓ 当你感到愤怒的时候，你最先做的就是说话做事前花几秒钟理清自己的大脑。
- ✓ 如有被要求，你可以列出一系列特定场合你倾向的习惯性反应模式
- ✓ 当你思考过去或者未来的事情时，你有时会停下并有意地回到当下。
- ✓ 你的反应中经常带有感激、愉悦，对你周围发生的积极的事情表示惊叹。
- ✓ 当你生活中的好事将尽的时候，你也不会挣扎抵抗，因为你知道你再如何抵抗也无济于事。

专注的标志

分析你自己的行为、情绪反应，以及你对人们的态度，能够有助于测量你的“倾向性正念”水平。

肢体语言

据说关于我们自身总是“当局者迷，旁观者清”。比如很可能你认为自己很自信，事实上你的自信同时也显露出你的焦虑。你不一定能觉察到自己的肢体语言所传递的信息，但与你同处一室的旁人却能从你的音调变化，或者目光的游离，双手摩挲手提包的举动中觉察到你的焦虑。那些倾向于专注的人却不太可能忽视这些细微的症状。他们不仅能充分意识到自己，还可以鉴别出那些会令其不适的情况来。甚至还可能将自己从不适中解脱出来，至少有时是可以做到的。

齿轮与指南针

专注地做事，做专注的人

思维简直就是一个奇妙的万能工具，因为我们一整天都被它引领着。与此同时，它也是一个指南针，为我们指明航行的方向。只是它常常忘记自己的方位，弄得我们的航行动荡不宁。

当你吃早餐的时候，也许是和家人聊天的间隙，你开始预想接下来的这一天会给你带来什么？你在脑海中不断地构想可能发生的事情，好奇这些事情会如何进展。你可能对其中的一些事情充满期待，对另一些却倍感焦虑；有些事可能无关痛痒——你可能只是简单地提醒自己要为某件差事腾出时间，或者工作上任务需要跟进。此刻你的脑海如播放幻灯片般运转着，而身体却端坐在餐桌前，与你的孩子或爱人一边聊着天，一边又想起“日程”上的某件事情。对很多人而言，这种情形很常见。

一心两用的早餐时间

吃早餐的时候你一直都是一心两用的，一边吃东西，还一边进行思考，只不过你的大多数思考都是躁动不安的。一连串的想法、回忆、欲望和问题推动你的大脑进入一种“运转”模式。现在你想象一下另外一种场景，你的家人不在旁边，你正在家享受浮生半日闲。此刻时间都是属于你自己的，你读着报，美美地享受一顿安静的早餐。早餐后修整花园。只

“运转”模式的标志

无论何时，只要我们不是处于“存在”模式，便是在进行着“运转”模式。下面的清单每个都含有示例，将有助于你辨认出“运转”模式的一些典型类别。

考虑自己言行是否得当。

评判：

总是拿“发生了什么”和“应该发生什么”去比较衡量。

认为自己应该更包容、更主动或更有成效。

自我批评：

在与自己进行内心对话时总是处于一个批判的立场，因为自己的过错而苛责自己。

决定是否搬家、逛街或者如何激励朋友。

解决问题与下决定：

仔细盘算采取什么行动，并追踪采取该行动的可能后果。

不过你在读报过程中，不自觉地又会开始想起工作上的事情。你不在公司他们怎么能应付得来？是否告诉你的私人助理你正在休假？她有转告其他人吗？你又会觉得自己花了太多时间来考虑工作上的事情——毕竟你本打算休息来着。你又开始叹息怎么假期这么短，只有3天，还是4天？接着决定去花市转转，看看能买些什么植物放在花园背阴的角落里。什么样的植物能在这种环境生长呢？

齿轮转动

自我批评与经常对自己的决定进行分析，是思维困于“运转”模式的两个重要标志。

完全放松并不是专注

尽管在这个迷你假日当中你所处的环境很舒适，令人放松，你对安静的“自我时间”也充满期待，但你的大脑还是忍不住再次进入思绪浮想联翩的“运转”模式。你会不由自主地被这种“运转”模式推着往前走。你体内的“自动操控”可能正在愉快地稳稳行进，或许还能给你带来享受的感觉，但到底这只是“自动操控”，不是正念。

别无选择的自知

与“运转”模式相对应的思维模式就是“存在”模式了。比起面前的早餐，你发现自己其实更在意的是工作，但你并未因为心中对工作的在意担忧而责备自己，或者将自己的注意力调转到未来的事情上。相反，你进入了一种“存在”模式。你将自己的注意力调配到当下，只是观察脑海中的想法和担忧，却并不陷入其中。这样你便获得了一种对自我、对自己真实感受温和的自知。这就是如何从“运转”模式中跳脱，进入“存在”模式的方法。

对邻居感到气愤，觉得他怎么会如此不为他人考虑

陷入情绪之中：

内心充满各种情绪，并再度体验这些情绪背后的故事。

回忆上次如此享受的时光，怀念某个浪漫的夜晚。

回忆：

回忆过去，无论是焦虑地、悔恨地、愉悦地还是带着其他情绪去回忆。

想着聚会中是否会有点心和饮料，又或者担心要是摔碎了眼镜家居保险会理赔吗？

揣测：

揣测未来的事情，不管是焦虑地、充满希望地还是带着令人愉悦的预期进行揣测。

听到有人说谎就抗议争辩，或者看见有人哭泣便上前拥抱表示安慰。

反应：

对各种经历体验无意识地就做出反应，而不是在做出“回应”前先进行思考。

活在当下

进入“存在”模式

在我们的脑海中，从“运转”模式中退出转而踏入一种纯粹的、当下的“存在”状态，是正念的关键技能之一。专注于我们的感受、思想和情感，意味着我们脑海中那些消极能量丧失了大部分的影响力。

大脑的“运转”模式其实就是效率模式——在这个领域中我们完成物质世界中的任务。我们发现了这种模式消极的方面——我们会自觉地做出反应，担忧未来，悔恨过去——这种模式也为我们迈向个人目标提供了各种可能。对比之下，“存在”模式反而显得有些呆板无趣，没有吸引力；毕竟，只是安静专注地坐在那儿有什么意义呢？除非你是一个神秘主义者或者一个进入深度专注状态的佛教徒。

进入“存在”模式

“存在”并非只是为了精神上的专注：当你进入“存在”模式时特别凸显的那种基本的、不带评判的（或别无选择的）自知，其实从我们有意识起就是一种极为重要的内在资源，随时可供我们利用。这种自知对我们看似没有尽头的繁忙人生给予了滋养和平静。我们从中获得的并不是精神上的智慧，而是一种令每天的人生都变得更充实的实用方法。

“存在”模式的挑战

当你将“存在”模式与观察自身的感受、想法或情感相结合的时候，你就进入了一种专注状态，伴随着身心的受益。要想达到这种状态需要不断的练习；如果你只是浅尝辄止，你会发现要达到这种状态并非易事。

“存在”模式究竟是什么样子的呢?下面的思维实验也许能帮你形成一个清晰的概念。想象一下你坐在公园里，凝视着一朵玫瑰。除了对这朵玫瑰的感知，你的脑海中再无他物，没有任何空间来思考过去或未来，来容纳焦虑或者其他任何情感。如果有别的想法侵入你的脑海，你只需让它如何进入就如何出去，不用与其纠缠，因为你一旦这么做了你就又掉回“运转”模式了。当你完全做到了这些，你就已经选择了正念。

应对干扰
处于专注状态时，思绪或情感既不受欢迎也不受排斥。

“存在”模式的标志

试着通过下面的清单了解“存在”模式的特征；并将这些特征与上文“运转”模式的特征进行比较。需要注意的是，“存在”模式的许多特征是以否定的形式表述的。现在你试着回顾自己初次尝试“存在”模式时的情形，对照下面的清单查看自己的思考是否达到了其中所述的品质特征。

不评判

不要拿正在发生的事情或已经发生的事情与“本应当发生的事情”去计较，这种“本应当”的想法在“存在”模式下没有立足之地。

活在当下

“安于此刻”，不要与任何进入你脑海的关于过去或者未来的想法纠缠不清。

接纳

不要陷入“苛责自己”、“对自己很失望”这类自我对话当中，无论何时你无意间想到自己曾经犯过的错误都要体谅自己。

专注

将注意力集中于大脑当下的体验上，如果注意力分散了，只需慢慢地将注意力重新调回即可。

被动

不要做决定、计划或者解决问题：所有的这些都属于“运转”模式。

回应

不管是内在或是外界的干扰（思绪或者感受），都不要有所反应，只需要简单地观察它们，任其自然消逝。

不纠缠

不要陷入突然侵入你脑海的情绪或想法当中；远离情绪背后的故事。

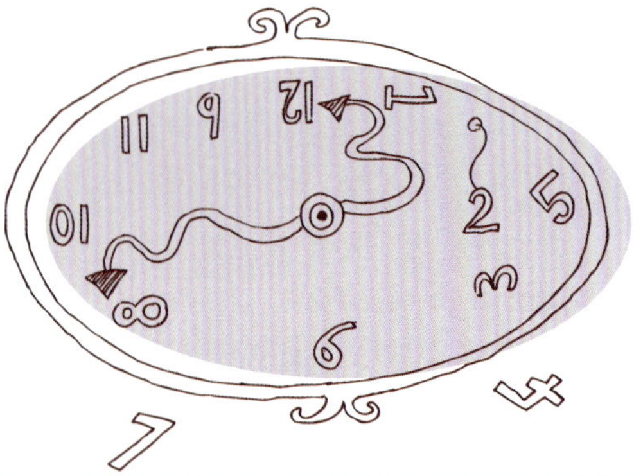

时间错位

困于过去，忧于未来？

我们真正的归属是当下。这是唯一安身之处。学会专注地活在当下，就在此时此处，可以令我们更淡定从容，头脑清晰，也更身心愉悦。

专注现在

我们花了太多时间沉湎过去，担忧未来，因此很少能够专注现在。

我们一边从过去汲取经验——过去是我们记忆的宝藏，也是我们情感支撑的来源——一边思考未来，以此激励我们的乐观情绪、决心意志以及雄心壮志。即便如此，过去与未来也不是我们能久留之地：正念可以再度稳定我们的注意力，将其调回当下。

“过去”的力量

我们的过去其实就是我们所经历过的事情构成的，其中自然不乏糟糕的经历。有些甚至还伤害过我们，令我们现在都时时警惕；有些我们时至今日仍旧深深悔恨当初所为。现在的许多焦虑其实都有过去的根源，尽管我们已经无法再追根溯源了。

对于过去，我们已经无法再改变，因此我们也许会试着通过阻止自己获得愉悦或者一偿夙愿来弥补曾经犯下的错误。只是不管这些尝试多么诚挚，我们还是发现生活被罪恶感和悔恨感所笼罩，思绪不断地被拽回过去，我们当下的幸福也始终被限制。过去所犯错误的记忆很容易就能激活我们心中的愤怒，让它在新的攻击中翻腾燃烧，此时尽管仍旧愤愤不平，敌意已有所降低。通过正念你可以利用“当下”积极的力量来改变你与“过去”之间的关系。与“过去”对战毫无必要。“当下”仅仅只需你专注其中即可，“过去”的力量终会烟消云散。

> 如果我们不能与“过去”达成协议，那么罪恶感与愤恨情绪便会随之产生；而未来不过是我们想象的，或许徒添焦虑的景观罢了。

打破监牢！

当我们被囚禁于罪恶或愧疚的牢笼时，正念可以为我们的“越狱大计”助上一臂之力。这个过程的关键就在于学会如何停止“自我评判”（详见16页）。我们的过去之所以会成为囚禁我们的牢笼实际上完全是我们的曲解，更具体点说是因为我们缺少自悯造成的。我们被关的那间囚室也完全是我们自己一手造就的。正念冥想给了我们打开这间囚室的钥匙。当我们将注意力完全倾注于当下时，过去便释放了我们，囚禁也就随之消失。如今正念的钥匙已经握在手中，就让我们打开囚室的大门，自由坦荡地走出来吧！

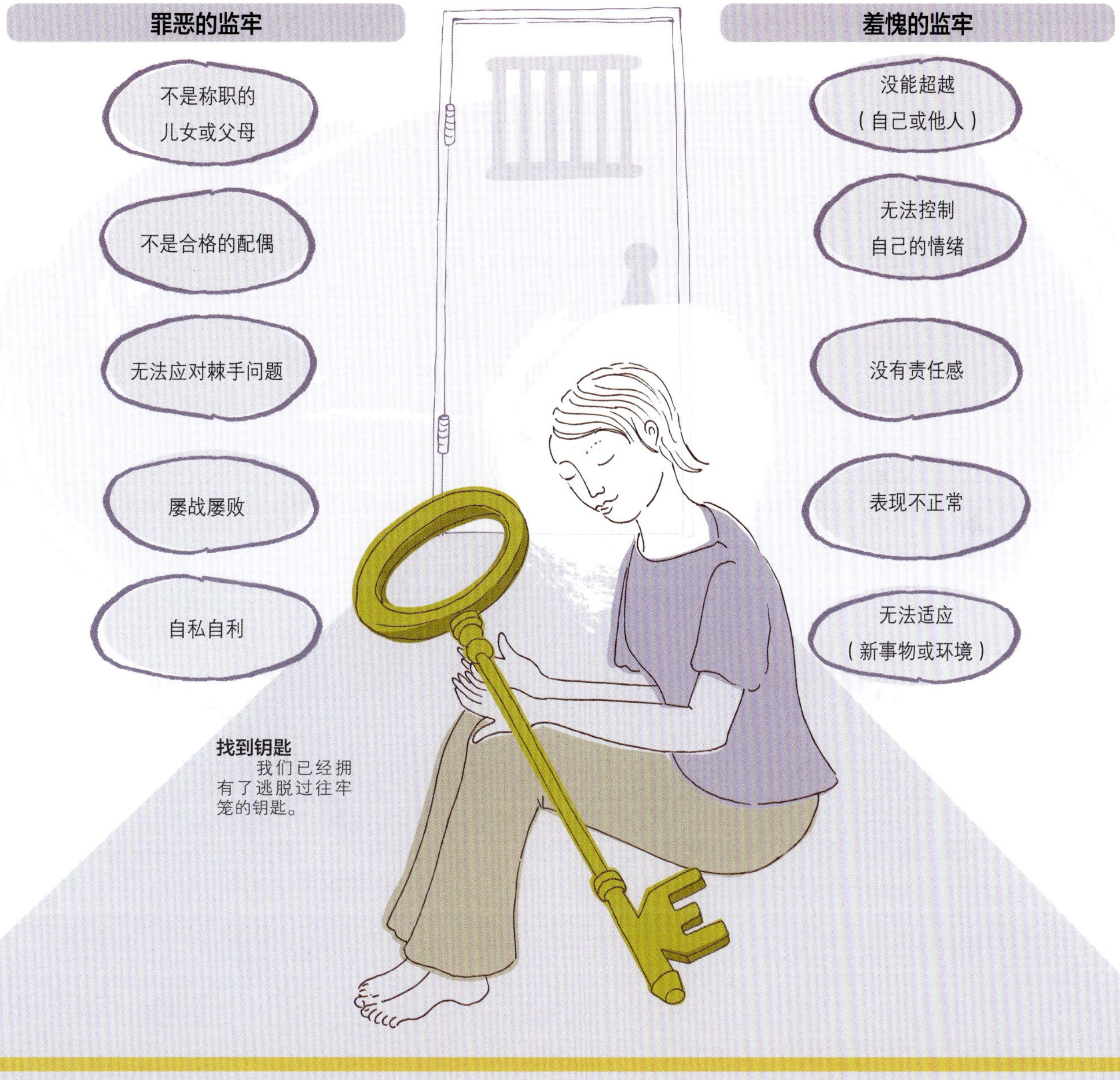

找到钥匙
我们已经拥有了逃脱过往牢笼的钥匙。

调查问卷
时间旅行者

你有多了解当下？

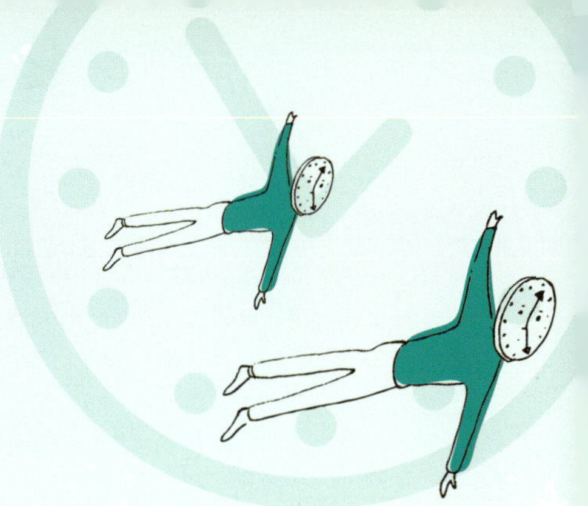

文中所列问题不过是“自我探索”的提示词。鉴于过于细究过去和未来的危险以及专注现在所带来的益处，所以在回答下列问题时你的答案应该促使自己思考下面的问题：在正念训练的帮助下，什么样的趋势才是你的发展方向？

问题.专注过去？

- 在你的脑海里多久回顾一次过去发生的事情？
- 是否有什么过去的事情至今还在困扰你？
- 想起曾经犯过的最严重的错误会让你多焦虑？
- 当你想起别人对你说过的最难听的话或者做过的最糟糕的事情时，你有多生气？

问题.专注现在？

- 当你经过邻居家的时候你觉得自己有多善于观察？
- 你的正念有多强？
- 当你静下心来聆听音乐的时候，你多久会出现一次神思游离？
- 你有多少次乡间漫步是因为自然风光，而不是为了有机会和同伴聊天或者思考问题？

问题.专注未来？

- 你多久会期待一次未来高兴的事情，幻想这些事情是什么样的？
- 未来有多少事情是当你想起时会令你感到焦虑的？
- 当你想起未来即将发生的最开心的体验时，你感受到多少正能量？
- 当你想起未来即将发生的最不开心的体验时，你感受到多少负能量？

你注意过四周吗?

我们常常会听见诸如“他/她茫然地闲逛着”这样的说法。事实上，大多数人，无论是在家里还是外边，常常会陷入自己思绪的茫然之中，忽视了四周的细节。即便是在闲逛，使用设备，谈话以及通常情况下的忙于工作时，我们很少会注意到我们的物质环境。你有注意到多少呢?其实时不时地看看四周是值得的：有可能你就会发现某些有用的东西或者有趣的事物。

- 试想一个复杂的地方，这个地方你定期会去造访而且是你相当了解的——也许是商场购物中心、办公大楼或者隔壁城市。然后在一张很大的纸上试着勾勒出这个地方的地图，并在上面添加尽可能多的细节信息。
- 写下所有你能记起的名字——比如，店铺名、房屋名或者街道名。
- 排序——比如，按顺序列出一条廊道上的所有门，沿街的所有商店。
- 下一次你再来这个地方的时候，闲逛时比平常更留心、更专注——再下次的时候，可能是同一天第二次，也可能是将来某一天，再测试一下自己。这次你有没有做得更好?
- 你也可以将这个练习运用到你自己家中——比如，列出你家冰箱或者厨房储物柜中的东西。你也许会发现，即便是对你自己家的家具和摆设，你都没有自己以为的那样熟悉。慢慢地你再将这个练习的对象（即你的四周）的范围扩大一些试试。

问题.你造访过现在吗?

- 你多久会体验一次“全神贯注”——也就是说，全身心投入于你所做的事情当中，甚至没有察觉时间的流逝?
- 你多久会发现一次常去之地的变化——比如新店开张，或者某栋房子被重新粉刷?
- 当你在听一场有趣的演讲或者电视上、收音机中某个人的谈话时，他言谈中有多少内容你听进去了?比例大概多少?

进一步探索

如果这个毫无系统性，但是涉及面广的调查问卷使你开始反思你对过去、现在和未来事件的态度，那么它的目标就达到了。看看你自己的答案，是否能发现有什么习性或者习惯是你想要改正调整的?因为它们可能正在影响你的幸福指数。无论何时只要你发现自己在思考过去的事情或者担忧未来的事情，你就立刻记下来。并且记下当你做这些事情时候的心情。通过这样的方式，尝试了解一下你与时间之间的微妙关系。

“包容万物，与
万物和谐共处也
意味着接纳我们
自己的不完美。”

——道元禅师（日本，1200–1253）

揭开盖子

让消极的想法和感受都随风而逝

每个人都具有“积极思考”的能力，都能从积极正面的角度来思考问题。但有时某些根植于过去的思维和感受习惯常常会影响我们的“积极思考”。明白这些坏习惯凸显的原因，清楚弱化它们的方法是我们正念之旅中极为关键的一步。

我们大多数人都会认识一些看起来很主动的人。也认识一些人，无论他们去哪里都能传播正能量。在他们面前，我们甚至可能体会到一种“醒悟”，一种行动的召唤，觉得与他们相比自己对这个世界的回应简直太愚钝迟缓了。

这些人呈现出来的状态明显要专注得多，因为他们已经成功地关掉了体内的“自动操控”。我们已经知道“自动操控”会阻碍我们对体验的潜力，钝化我们内心成长的潜能，带给我们一种模糊的不满感和乏味感。

自动思维

如果你现在对你自己有消极的想法，比如“这超出我的能力所在”“为什么我要相信这次就会更好？”或者“我做了这个也没人会感激我。”随之而来自然就是无法避免的消极情绪了。这种“想法+情绪”的组合会很快地在你的脑海里形成一种根深蒂固的模式——一种条件反射，无论何时只要特定的情形再现，你的心情就会受到影响。

这种模式最终导致的结果就是“反馈回环”：你会相信你内心的那个声音，相信自己真的如它所说的一无是处，因为你自己也是这么感觉的；并且由于你内心的声音你还会一直这么感觉。慢慢地这种深层的思维和感受模式便会削弱你的幸福感。所有的这一切发生在不知不觉中，你甚至都不会察觉到在这个事件中其实你是有选择的。

无尽回环

你的消极思维会助长消极情绪，反过来消极情绪也会支持和放大你的消极想法。

其实，说到消极的想法，我们都有拒绝的权利：没必要相信这些消极的想法，从源头上将这些想法，以及伴随而来的情绪从我们的大脑中摒除。要想关掉这种内在的消极机制，需要做的就是正念冥想。也许无法彻底摆脱消极的想法，但是可以学着以“接纳的好奇心”去对待它们，改变我们与其之间的关系，不再把它们看得那么重。

不再控制

如果你想要让自己摆脱想法和情绪的消极模式，有意识地控制其实很少能有效果。你不可能光靠对这些问题进行压制就能解决，强行遏制只会使得压力变得越来越大，越来越强的“愈压制，愈反弹”。

众所周知，如果爆炸之势你无法压制，那么最明智的做法就是远离。正念正是遵循了这个道理，尽管我们并没有任何逃离的动作。

做好正念日志

正念训练其实是一项非常主观的体验。你所拥有的想法，你对自己的了解以及你无法掩藏的下意识显露出来的心智习惯等都是极为个人的，而且常常转瞬即逝，不易捕捉。对有些人而言，记录下他们自己的体验是一种非常有用的练习。因为记录的过程帮助他们将自己的想法、感受和情绪变得客观化，有助于提升他们今后的冥想。一份正念记录可以记下你冥想的时间、长度以及类型，使你的进步有迹可循。

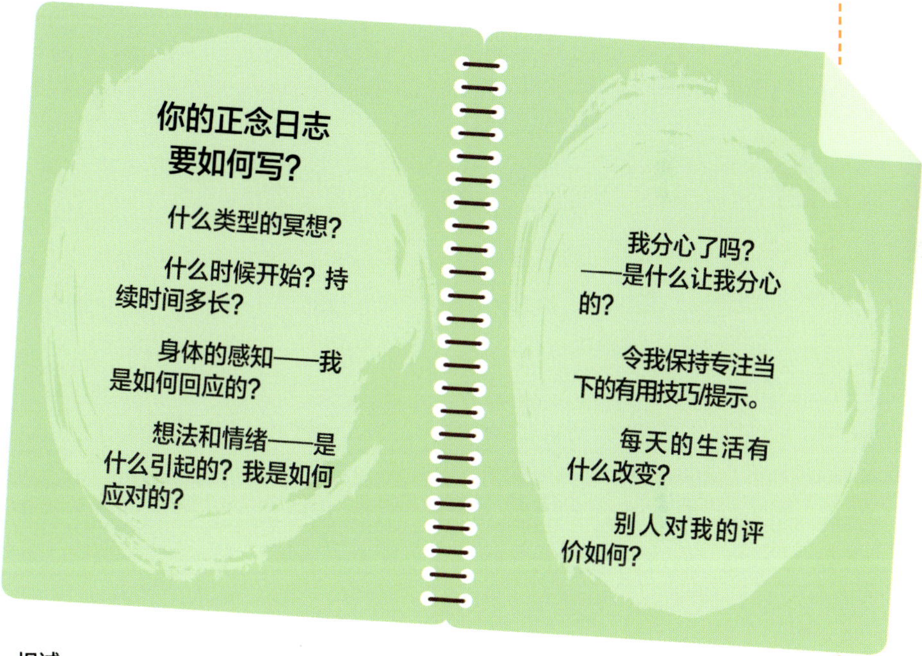

坦诚

试着坚持每天做记录。记下任何你觉得有用的信息或发现。至于记录的内容，没有对错之分，只有一条，那就是必须绝对诚实。

情绪放大想法。

我们也许无法完全摆脱消极想法，但可以以一种“接纳的好奇心”去对待它们。

忍不住！

为什么习惯难改

积习是通往幸福的阻碍，练习正念冥想是消除习惯力量最有效的方式。我们可以从“怜悯心”开始，给我们的习惯以怜悯，提升我们的自我理解。

有时会感到好像不是我们在掌控自己的生活，而是生活在掌控着我们。就好像我们看到的那样，自动操控在没有经过我们许可的情况下，就剥夺了我们选择的权利。

糟糕的习惯是我们对一定的情境做出的反应，这些反应在我们的身体和思想上留下深刻的烙印，就好像树干上的年轮一般。具有“反应活性”，意味着在思考、行动或者感受的时候不给自己任何机会让情境渗入。这样，一段时间后便会形成一种反射，并变得如同大树的年轮一般根深蒂固。这种反射行为会不断重复上演，而你根本就控制不了。而且每发生一次，其自身的反射模式便会得到加强，时间一长，习惯慢慢就变成了自然。

正念给我们提供了辨识习惯性思维和反应的工具，并能使它们从直觉意识中消失，不留任何影响。依靠正念冥想我们便可以拥有重新选择的机会，只不过一旦开始了正念冥想就必须坚持练习，因为习惯总是企图抓住任何机会卷土重来，强化自己。

当习惯占据了主导地位

下列示例为一些常见的惯性反应或者自动操控反应，你可能会觉得很熟悉。试着想想自己生活中更多“习惯反应”的例子。

- 你遇见了某个在学校曾与你针锋相对的人，面对他们的示好你很难有所回应。
- 你认为自己不擅长在公众面前讲话，当你被要求在同事离职时发表离别感言，你会不自觉地感到惊慌。
- 当与你女儿的老师交流时，你感觉自己的舌头像被绑住似的，结结巴巴的。因为你认为对方充满智慧，形象很高大，而自己似乎低人一等。

> 我们不断重复的行为改变了大脑化学物质，但我们不应被习惯所束缚，成为它的奴隶。凭借正念，我们便可打破束缚，重获自由。

暂停，然后播放

正念帮助我们拓宽了刺激与反应之间的距离，给了我们更多自我控制的机会。

好习惯与坏习惯，一张表格列出来

为了帮你了解“自动操控”和“不自觉的习惯”对你生活造成的影响，提高这方面的意识，你可以尝试在一张表格中列出自己的习惯，不论好坏。并标记哪些消极习惯是最根深蒂固的，哪些习惯是你认为具有积极意义，希望继续保持的。你可以利用下面的模板作为提示，写下你正念日志中的想法和感受（见53页）。当你在正念冥想训练过程中取得进展时，你也可以返回来对照这些记录，看看自己究竟有了多少进步。

坏习惯

行为

我经常做什么事情令自己不开心？

- 对我自己
- 在我的家庭中
- 在我的友情中
- 在我的爱情中（恋爱关系）
- 在工作上

这些事情当中是否有一件覆盖（涉及）了上述全部领域？

思考

什么样的想法会令我不开心？

- 关于自己的
- 关于家庭的
- 关于友情的
- 关于爱情的（恋爱关系）
- 关于工作的

这些想法当中是否有一件覆盖（涉及）了上述全部领域？

情绪

我经常会有什么情绪令自己不开心？

- 关于自己的
- 关于家庭的
- 关于友情的
- 关于爱情的（恋爱关系）
- 关于工作的

这些情绪当中是否有一件覆盖（涉及）了上述全部领域？

利用下面的情绪列表尽可能精准地给你的感受命名。

- 迷惑
- 沮丧
- 恼怒/惹恼
- 失望
- 愤怒
- 羡慕
- 忌妒
- 压迫
- 不耐烦
- 委屈
- 无助
- 无望
- 恐惧
- 混乱
- 无聊

好习惯

行为

我经常做什么事情令自己开心？

- 对我自己
- 在我的家庭中
- 在我的友情中
- 在我的爱情中（恋爱关系）
- 在工作上

这些事情当中是否有一件覆盖（涉及）了上述全部领域？

思考

什么样的想法会令我开心？

- 关于自己的
- 关于家庭的
- 关于友情的
- 关于爱情的（恋爱关系）
- 关于工作的

这些想法当中是否有一件覆盖（涉及）了上述全部领域？

情绪

我经常会有什么情绪令自己开心？

- 关于自己的
- 关于家庭的
- 关于友情的
- 关于爱情的（恋爱关系）
- 关于工作的

这些情绪当中是否有一件覆盖（涉及）了上述全部领域？

利用下面的情绪列表尽可能精准地给你的感受命名。

- 满足
- 感激
- 爱
- 耐心
- 钦慕
- 自豪
- 兴奋
- 激动
- 愉悦
- 幸福
- 冷静

挣脱习惯的束缚

迈向一个更真实的你

只有通过长时间——尤其是长时间的正念冥想训练，你才能将那些根深蒂固的思维和感受习惯清除。在实现这个目标之前，你可以通过改变一些毫无益处，又不是那么根深蒂固的习惯进行热身。这些习惯是你常常惯例而行，甚至不假思索就做的一些事情。

> 对那些你不喜欢的事物完全置之不理并非一个很好的习惯。其实，在人生中保留一点矛盾情绪会使你的思维会更开阔，你的人生体验也会更有趣。

我们每天都置身于无穷无尽的现象当中。我们所接收到的这些信息中大部分都是有用的，意味着我们又有了新的选择可以取舍，只要我们愿意参与其中。通过一段名为“选择性感知”的过程，我们会过滤掉那些生命意象中接纳不了的刺激。有时它还能令我们以一种更宽广的视角看待世界。这样也许我们就能看到更多令人满意的、能够帮助我们走向更圆满人生的选择。从某种程度而言，实现我们的潜力就是告别过去错误的身份认同，活得更真实，找到真正的自我。

忙忙碌碌

大多数人都有的一个习惯，就是一直忙忙碌碌，不得停歇，全身心地投入到工作当中，没有时间深思熟虑。虽然我们并不是有意如此，但这无意的背后体现出我们是害怕内省的，害怕自我检视可能会逼迫自己面对一些令人不悦的关于自己的真相。工作给我们提供了一种分散注意力的绝佳方式，醉心工作似乎理所应当，这样我们便无暇反思了。我们常常在办公室待到很晚，实际上这样做只会将我们的身份认同与工作捆绑在一起，一旦失去工作我们便感觉迷失了

五个习惯松绑器

以下是五个简单的方式，可以帮你走向更真实的自己。真实并不仅仅只是关于你自己，同时也与你的感情质量息息相关。适应生活方式的改变，是为了接下来的进一步通过正念冥想改变“自动操控”反应做准备。

1

当别人显示出善意时，要学会以欣赏的眼光看待。告诉对方他们的善意对你而言很重要。

2

倾听别人的故事时要全神贯注，这不仅仅是出于礼貌，更多的是因为这真的很重要。

自我。

任务缠身也可能在无意中变得很有吸引力，因为它给我们提供借口。比如，我们可能明知有些事情需要与家人好好深入交流，又害怕这样一场谈话会挖出隐藏在过去的某些情绪，于是我们便告诉自己太忙，没有时间，谈话也就不了了之。

了解你自己

另一个常见的惯性思维模式是我们总倾向于对人快速评价，并贴上标签。实际上，让人们有机会做真实的自己，在那个时候，是一种由正念自然产生的态度。

与这种喜欢很快给人进行评价的倾向相对，是尝试以新奇的眼光看待他人。问别人一些你通常不会问的问题，征求他们的意见或者专注地听听他们想说什么。这种情况下，你的理解和看法肯定能得到很大的拓展，不会再停留在起初那些狭隘的观点。

了解你的思维风暴

感到压力的时候，我们的思维速度会大幅度提升，因为大脑正惊慌地穿梭于一个又一个糟糕的想法和感受之间，试图找到解决的办法。你可以将这些思维风暴作为进入自我剖析的途径。你可以问问自己下列问题并在你的正念日志中记录自己的回答（见53页）：

- 什么样的情形会令你开启思维风暴？
- 是否有什么想法会不断出现在你的思维风暴中？这些想法中哪些是明显正确或者明显错误的？
- 是否有什么回忆会不断进入你的思维风暴之中？如果有，你认为它们为什么会这样呈现在你的脑海？
- 是否有什么情绪会反复出现在你的思维风暴之中？这些情绪对你的思考和行为产生了什么影响？

3

和同事的聊天不要仅限于工作上的事情，其他的事情也可以试着问问他们的意见。

4

与街上迎面向你走来的人交谈一会儿，不管他们是来乞讨、兜售的，还是做调查的。

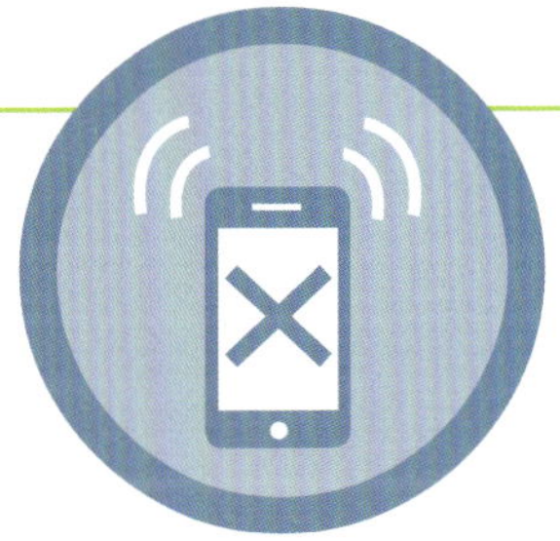

5

与他人共处时不要玩手机：专心于与他人同处的时光。

调查问卷：真实

你对自己有多真实？

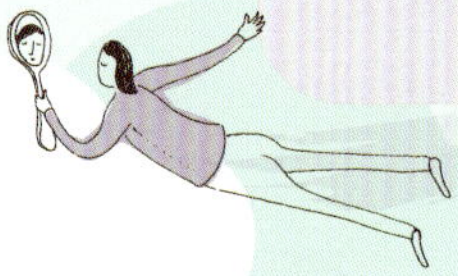

你真实的自己可能并非你每日所思所感的自己。某些深层“问题”和情绪可能妨碍了我们真实自我的表达，即便是对其“主人”——也就是“我们”——的表达。下面的这些问题将帮助你检视自己，找出你所携带的那些“问题”并看看这些“问题”正对你产生怎样的影响。

问题. 你有“问题”吗？

- 你是否曾有过这样的感受，要是没犯错的话你就会是另外一番面貌？对比现在的你和你本可以成为的“你”，你觉得两者间的差异大吗？
- 新认识了某些人后，离开时你是否感觉自己没有给他们留下多少印象，或者他们对你不够热情？这种感觉出现的频繁吗？
- 与人谈话时，你是否感觉到一些与交谈话题无直接关联的情绪？这种感觉的频率如何？
- 你是否觉得别人看待你的方式与你自己看待自己的方式不同？这种不同的可能性有多大？

问题. 你的“问题”有多麻烦？

- 你认为自己的压力有多大？内在的压力。
- 你觉得自己的肢体语言或声音中体现的焦虑出现的频率如何？
- 焦虑是否会影响到你的待人接物？出现的频率又如何？
- 是否出现过这种情况，当你在静坐的时候，你的脑海里会不受控制地浮现各种思绪和感受？这种情况出现的频率怎样？

问题. 你是否在演戏？

- 是否你有时所说的话不过是别人期待你说的，而不是你自己想说的？这种情况出现的概率如何？
- 你是否有想要给别人留下一种无所不知无所不会的印象，尽管实际上你对某方面并不熟知和擅长？这种情况出现得多吗？
- 你是否曾假装对与某人的谈话感兴趣，交谈中的提问也只是为了使谈话继续下去？这种情形出现的频率如何？
- 你是否觉得不同的人对你是个什么样的人有不同的看法？这种感觉强烈吗？

问题. 你有在处理自己的“问题”吗？

- 你是否觉得“问题”的答案在于自己而不是别人？这种感觉强烈吗？
- 你是否经常与朋友家人或者搭档分享你的“情感难题”？
- 对于“问题”引起的伤害，你是否能够以合适的眼光看待，从而减轻伤害？你每次都能成功做到吗？
- 你是否尝试过为自己创造一个更冷静的环境来解决“问题”？次数多吗？

进一步探索

你可以利用自我分析来评估究竟是什么样的“问题”，如果有的话，阻碍了你迈向真实的自己。首先，你需要进行呼吸训练（详见96~99页）帮助自己冷静下来，令自己的思维清晰明朗。然后运用正念冥想帮你面对这些问题，从一个更真实的视角来看待它们，处理它们。即便未能解决，但哪怕你只是对这些“问题”有了更好的理解，也是进了一大步。

你能改变现在的自己吗？

正念冥想可以帮你找到自我，活得自我。但首先，尝试用下面的方法将你展现在他人面前的“自己”与你所了解的私下的“自我”连接起来。

- 尝试与他人谈论某件你真正关心的事情，并且表达你的真实想法。看看结束时你的“外显自己”与“内在自我”，是否都能对他人的观点形成一个清晰的看法。
- 试着更正别人对你形成的错误看法。专注于事实。如果别人轻视你，有机会的话有礼貌地矫正他们的这种想法，但是要注意技巧，言辞举措都要分外留意。
- 适时承认自己的无知，不要不懂装懂，给别人造成一种学识渊博的假象。如果你对某事不理解，那么直接开口问别人吧。

游离的思绪

如何更好地集中注意力？

当我们专心于一项任务时，发现很难做到百分百地专注——大多数人都只能做到70%。因此，有一件事是明确的：那就是如果能够掌握专注的艺术，我们的人生将会变得更加多姿多彩，富有成就。

想象你自己正在给朋友写一封邮件或者在厨房看书学做菜，你是否能做到全神贯注于所做的事情？或者说你的思绪是否会时不时出现游离的情况？很可能你会承认的确如此。你也许会发现自己跑偏到小道上——这条思绪的小道也是始于你手头的工作，只不过很快就突然跑偏了。游离在你脑海里的思绪根本与你手头的工作毫无关系——可能只是你早些时候所思所想的再次浮现。

忧虑尤其如此，经常会像这样再度浮现。在开始一项新的任务之前，我们通常会将那些占据思维的想法暂时抛诸脑后。但是这些想法喜欢不停地回涌，喧嚣着想要吸引我们的注意。而是否给予它们关注取决于我们的正念有多强。

偏离轨道

人生中有很大一部分时间都是在“思绪游离”——也就是我们平日里的白日梦，或者走神。某种程度上而言这是一种有益的过程：思考一个问题，抽离片刻后又接着回到这个问题上。游离是思维的本性，理解这一点很重要，因为它能使我们的学习变得容易。

事物都具有两面性，思维游离能帮助我们学习，也能产生干扰。比如，如果阅读时某些横空而出的思绪分散了注意力，我们花在阅读任务上的时间就会延长，我们也可能会发现自己不够专心投入。在工作中或者社

思维是一个特别离奇的地方，各种奇妙的事情不断涌现；幕后不断走向台前。

专一

冥想者把专注称作思维的“专一”。你有意识地将自己的注意力集中于选定的事物之上。另一个在冥想中训练的品质就是正念，一旦你的注意力开始分散时正念就会及时察觉。“专一”和正念需要协作进行，互为搭档，二者中任何一个表现不佳，都会令冥想的效果大打折扣。

不受控制的思绪可能在过去、现在与未来之间穿来穿去。

散逸的注意力

任务中游离的思维会误导能量的去向，使其分配到思维中无意识的琐事和焦虑中去。这些琐事与焦虑与当下并无关联。

专注的想法会给你清晰的思路以及一种成就感。

专一的注意力

任务中专注的思维会将能量导向单一的点，由此达到高效，并在高效中获得满足。

交场合，思维游离可能会影响我们在会议中的理解，使效率低下。研究显示思维游离也会令我们的工作记忆受到影响。

我们的思维是要去往何处呢？通常是要去往我们隐藏起来的最迫切的“焦虑”处的。把这些游离的思绪想象成完全随机出现，其实有点神话，因为事实上它们常常是按照我们内心的议程表出现的。

快乐专注

另一个神奇的地方就是我们的其实大脑可能很享受这种呆滞的休闲。问题在于这种“休闲”，如果没有正念把持，常常会变成消极思绪或情感入侵的可乘之机。这是因为我们的大脑对于记住伤害性的事物是“硬接性”（不容易切断）的，这样就可以在以后避免遇见它们，如果一旦“断接”或进入停工期，这种保护就会停止。

正念冥想训练可以帮助我们减少思维游离的发生，并在这个过程中提高我们作为学习者、交流者和问题解决者的个人效率。通过削弱走神的力量，正念冥想能在心智方面大大提高我们的整体幸福感。

什么是自由?

注意力分散并不能释放你的思绪——反倒会使它们成为奴隶。只有当你的思维能够专注的时候，你才能真正意义上获得思考的自由。

专注学习

如何培养你的理解能力

总是被告知事物如何如何，或者我们又该如何为人处世，这些就是我们都有的关于学校的记忆。但是成年以后的学习不再只是简单地按照“处方”行事，而是一个过程，要求我们敞开胸怀接纳新的观念并且乐于实验，在实践中寻得真理。正念可以帮助形成我们心智上的灵活变通，以适应学习的需要。

作为成年人，我们从生活和外部世界中学到的大部分知识都不是直接获得的。比如，我们可能看到一个电视节目，当中推广间歇训练来提高我们的体能；稍后，在新闻当中，又听到了某位名人在跟着这个节目进行训练之后竟然中风了。于是我们便陷入了内心的纠结当中，究竟这种训练形式对身体是弊大于利还是利大于弊。我们无法直接获得事情的真相，所能做的是进行调查，听取双边的意见，观察各方的取证，然后才得出自己的结论，尽管也许结论并不确定。在这种情形下，通常有一种选择是安全的——跟随大流。

向经验学习

在我们的内在生命当中——也就是在追求幸福和成就的过程中——比

传统学习VS专注学习

哈佛大学哲学教授埃伦·J. 兰格指出，传统学习模式受到很多误解的制约，而这些误解大多在人们的思维中根深蒂固——例如，完成任务的方法途径只有一个。专注学习模式能够帮助我们避免掉入“定性思维”的陷阱，比如过去事情常常是怎么做的，或者别人又是怎么做的。下面我们将从三个方面来对比传统教条主义学习模式与同样情况下专注学习模式的差异。

教条主义学习	专注学习
一次只专注于一件事情	不断创造新的分类
凭记忆记住信息	开放接受新的观点和信息
只学问题的一个正确答案	不止从一个角度去拓展你的意识

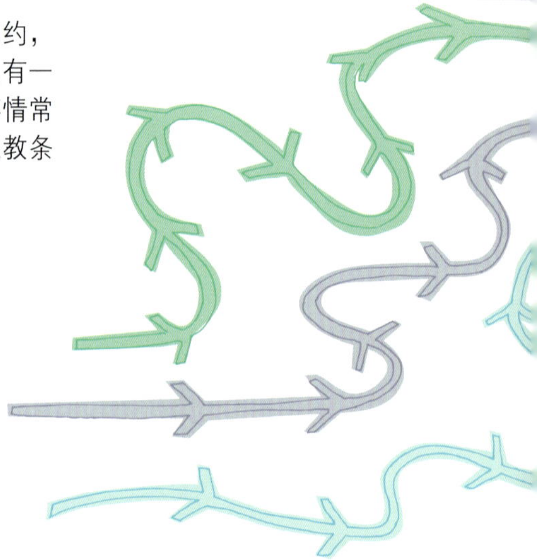

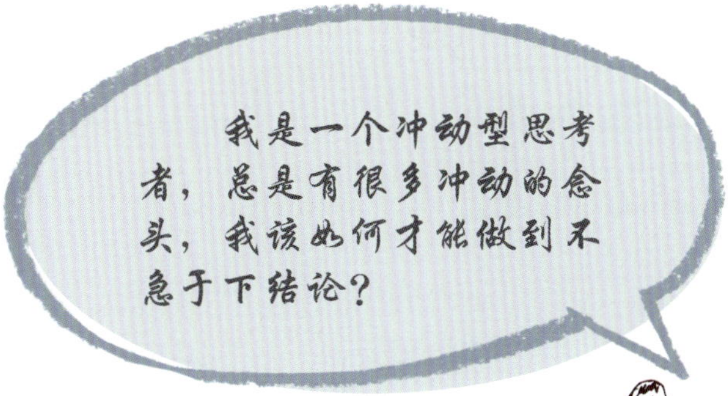

避免误解

正念给了你一定的空间，不必急于一时做出评判，因此你可以认真地思考事实。

起别人对我们的规劝，我们更愿意从自己的直接观察和个人经历中学习教训。一旦我们打开了专注的“分享渠道”，对什么叫“为人”，怎样“为人”的直觉理解也就拓展了。

当能适应新的思考方式时我们的学习才能达到最佳效果。就这点而言，正念给我们提供了一件宝贵的工具。不管我们的经历多么令人难受，勇敢地面对就能赋予我们一种改变的能力。当我们感到自由时——不再受制于根深蒂固的思维方式、同辈的压力、对别人看法的担忧、对自己智力和技巧的焦虑，以及对自己的过高期望时——我们学得最好。

冒险也可能是对的

避免冒险的选择其实在生活当中真正使用起来非常有限。不管是选择忠于一段感情、生育小孩，还是跳槽改行、申请工作休假，其实都带有冒险的性质。在这些冒险的决定周围聚集着很多毫无益处的、束缚着我们的恐惧感。正念恰好可以帮助我们从中跳脱出来，专注地倾听并跟随内心的引导，并为我们开辟一条勇敢的道路。

保持变通

随着现代科技的发展，终身学习的理念已经彰显出它的重要性。你也许并不想成为一个电脑极客，但是如果你在思想上形成了敏捷的适应性，那么你就不必依赖于那些过时的设备。查尔斯·达尔文曾经说过在大自然的淘汰筛选过程中，并不是那些最强大，也不是最聪明的物种存活下来了，而是那些拥有最强适应能力的才得以存活。而从这里我们学到的就是：必须学习的关键在于你如何去学。

> 我们在人生中学到的最宝贵的技能就是不学假的。
>
> ——安提西尼（古希腊哲学家，公元前445年–公元前365年）

问卷调查：全神贯注

你的专注有多强？

一项需要全神贯注的任务往往能令我们洞悉先机，胸有成竹，或许这是因为我们不愿在这股被我们错当成自我本质的“思想流”中有所停顿。下面的这些问题能够帮助你探索自己专注的能力，并设定了通过正念训练以获得提高的场景。

问题. 你给了多少注意力？

- 你是否有过这样的感受：如果你的专注更高效一点，你的人生将会获得更多？这种感受强烈吗？
- 当你进行某项任务时，你是否发现自己把宝贵的时间浪费在思考别的事情上？这种情况多吗？
- 在执行一项任务的过程中，你是否有过打电话、喝茶或咖啡，又或者做些别的什么事情以至于打断了手头的工作？任务进程中你决定做这些事情的频率高吗？

问题. 你的倾听能力如何？

- 当你在现实生活中或者广播中想要全神贯注倾听别人说话时，你能否听到70%以上的内容？这样的次数多吗？
- 同样的情形下，你有多少次能够听到80%以上的内容？
- 同样的情形下，你有多少次能够听到90%以上的内容？
- 听了半小时的广播，5分钟之后广播所谈内容中有多少观点是你能够记住的？

问题. 你阅读时有多专注?

- 当你阅读小说时，对于出现在小说中的角色名你能记得多牢?
- 当你阅读有趣的信息时，你常常能做到全神贯注，不遗漏任何信息点吗?
- 当你阅读文章时，对于作者两次提及同一个观点，或者论点与作者早期某篇文章前后矛盾的情况你是否总能发觉?
- 在阅读过程中你是否有过不知道自己读到哪了，从而重复阅读同一段的情况? 这种情况经常发生吗?

问题. 面对任务你是否拥有健康的态度?

- 你是否有过因任务本身无聊而导致难以集中注意力的情况? 频率如何?
- 当你进行一项任务时，你是否受过另一项你必须完成的任务的干扰，它总是浮现在你的脑海使你难以完成手头的任务? 这种情况多吗?
- 你是否觉得自己在必要的情况下，可以做到即便是在喧闹的咖啡厅，你也能跟身处安静的图书馆一样专心致志?
- 当被要求正襟危坐，专心于某件事情长达50分钟时，你是否有被吓到?

你准备好全神贯注了吗?

那些注重专心致志，讲究在规定的时间内完成任务，不在庞杂事务上浪费时间精力的人，更倾向于有意识地为他们的任务时间做好充分准备。浏览下面所列的各种策略，问问自己是否有用到过它们。如果没有，下次你在学习、阅读、写作或者生活工作中遇到需要全神投入的任务时，尝试使用其中的几条。

- 你是否能抵御干扰? 比如，告诉别人你需要独处，在门口悬挂“请勿打扰”的告示牌，或者干脆锁上门。
- 你是否给自己列过目标清单，一旦完成所有目标就停止工作?
- 你是否给自己列过计划表，这样你就可以在一天当中最合适的时机——早上你最清醒的时候，而不是酒足饭饱脑子迷糊的时候——进行最需要专注的任务?
- 你是否使用过激励手段? 例如，完成一项任务时给自己一份奖励，或者只是简单地提前幻想一下完成任务所带来的满足感。

进一步探索

在评估自己究竟是能够高效专注于任务或者倾听内容，还是思维总是开小差从而浪费精力时，请仔细考虑你的回答。如果你自我分析后的回答是后者，问问自己是否有什么原因，是有焦虑所以才影响了你的专注吗? 完成了为期8周的正念冥想项目，建立起正念的生活方式以后，再做一次这个调查问卷，看看自己的正念是否有所提高了。

关注他人

良好的沟通

理想的对话总是有节奏的，双方你言我应，彼此承接。我们游离的思绪有时会带来某段记忆或者联想，使交流得以进行下去。但物极必反，如果思绪游离太远，甚至达到了分神或者焦虑的地步，那么谈话双方之间的联系也就陷入了混乱之中。

一场良好的交谈就好比一场网球比赛，双方你来我往，轮流发起谈话。对话的一方不断地在倾听模式与说话模式之间切换，在这个过程中体现的是一种持续的参与，是一种“语流”。任何一方在注意力上的疏忽都可能引起“语流”因为联系的中断而产生震荡或者颤抖。一方或双方谈话者的焦虑也会令“语流”被打断，因为焦虑会使他们的注意力集中在对内心疑惑而非交谈对象的关注。

技巧与同理心

我们常常把谈话当成一种能力，通过勤加练习，你的沟通能力也会日益精进，因为练习会使那些你用来串联自己想法的用语变得越来越信手拈来。仔细听某个资深政客接受采访的电视或广播节目，你就会发现他们滴水不漏的言辞很大程度上体现了他们的自信，这或许是通过了一定量的自我展示训练才得以实现的，但总归来说，是少不了大量练习的。

然而，将交谈当成一种技能练习是着实是低估了与他们联系的宝贵价值。一场真正有生命力的谈话其实是一种交流，交流双方拥有共同的起

有质量的交流

一场好的交谈当中，你的注意力是集中的，不仅关注谈话的内容，同时也留意着交谈双方的关系。

不要预先为自己的发言定下基调：听对方说话的时候，就认真倾听、领会，留意自己内在的反应。

不要做出任何评判：专注于谈话的内容，忽略对方传递信息之外的事物。留意对方的肢体语言，但不要在意他们的穿着或者发型。

不要抢话说：如果你感觉有必要插话，要征询对方的意见。

点，在这个过程中不断地抛出和接收信息。如果我们在这个交流的过程中走神，任由思绪四处游离，那么我们就不是真正的交谈，只是在说话而已。

思考与说话

我们在不同的场合总是会选择不同的语速和说话风格，从早餐桌前快速地、随意地聊几句，到当我们想清楚地传达自己的想法和事实时，缓慢而审慎的谈话，都大不一样。任何我们可能经历的困难都可能伴随着更缓慢慎重的谈话出现，这是因为这些谈话往往关系到重要的事情，缓慢慎重才会引起足够的重视。而与不同的人谈话，包括陌生人、熟人或者手握重权的人，都能引起不同类型的焦虑，比如自卑感、劣势感，更“专业”人士对我们的评价所带来的紧张感，又或是在不太轻松的场合不知如何开口。相比之下，另一个极端就是我们在与朋友、家人或者搭档的交谈中，责备与愤恨的老旧模式就会迅速地浮现出来，打破谈话的进行。

在比较困难的交谈场合，说话之前思考想说的是什么，然后相应地采用合适的语言进行表达。为你和对方的谈话创造一个开启的点也很重要，只有这样你的各种经历和看法才能娓娓道来。如果你有一肚子话要说，不要试着将它们都挤进一个狭窄的管道，否则压力之下事情就会变得一团糟。

心同此理：设身处地地从对方的角度去理解他人，是能够被对方感受到的，也会被投桃报李。

享受谈话的过程并充实自己：交流能力的训练是自然的、有益的。享受相遇和交谈的机会，享受交谈过程中的畅所欲言，以及在这个过程中你所发现的新事物、新观点。

同一个人：两场对话

与人交谈的同时却仍旧专注于当下是一个很重要的人生体验，能够丰富你的人生。但即便是自信、外向的人也会发现自己有时无法做到专注。下面是两张关于思维状态的列表，其中一张描述了顺利谈话过程中交谈者的思维状态；另一张是同一个人在不同交谈场合下的思维状态，此时的谈话双方因为某些原因无法自然投入。

专注	不专注
冷静，放松	焦虑
思维清晰	迷惑
客观公正	情绪化
思维专注	思绪游离

可能的原因	
与喜欢的人交谈	与陌生人或者不喜欢的人交谈
与愿意交谈的人交谈	与很难交流的人谈话
一天过得很顺畅	一天过得很糟糕
感觉清醒	感觉疲累
感觉满足	感到不开心
谈论的话题简单，令人身心愉悦	谈论的话题偏难，或是令人不舒服

问卷调查：联系

你的交流能力如何？

通过良好的交流不仅能够分享和享受我们共有的人性，而且出现问题的时候还能有效处理消极情绪。你可以利用下面的这些问题来检验自己的交流风格，同时运用正念给你们的关系注入更多新的能量。

问题．你与自己亲近之人的交流如何？

- 你是否发现自己经常发生相似的谈话，谈话的观点相同，没有任何进步？
- 你是否有过严肃的谈话最后以意见相左、不欢而散告终？这样的情况多吗？
- 在你感觉放松随意的谈话中，对方有没有展现过令你吃惊的新奇一面？这样的情况多么？
- 在你与他们的交谈中，你觉得自己多大程度上展现了真实的自己，毫无保留和掩藏？

问题．你与熟人之间的交流如何？

- 你是否有觉得每次与熟人见面后，对对方的了解都更进一步了？
- 你是否觉得每次与熟人见面后，对方对你的了解有更进一步？
- 你是否记得上两三次见面熟人对你说了什么？
- 你是否觉得自己在与你邂逅的人愉快聊天时真正做到专注了？

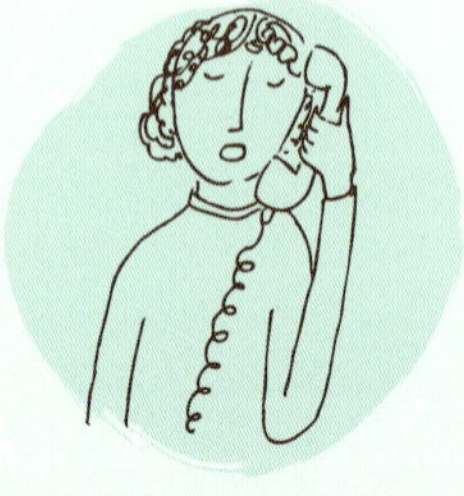

问题. 你与陌生人之间的交流如何？

- 你是否经常觉得与陌生人的交谈让你感到享受，自己的人生得以丰富？
- 在你与陌生人的谈话中，你是否觉得展现了真实的自己，无所掩藏和保留？
- 你是否经常是以这样的想法结束与陌生人的谈话——我终于解脱了，可以做自己的事情了。
- 当你与陌生人进行简短、友善的聊天时，你是否常常保持微笑还是嘲笑他们所说的话？

问题. 压力下你还能正常交流吗？

- 当一段（感情）关系出现问题的时候，你是否总是只接受承担部分责任？
- 你是否常常因为害怕对方的反应而避免说出自己真正所想的？
- 在充满压力的谈话中，你是否常常发现自己为了谈话效果而夸大了自己的感受？
- 当你在谈话中感到焦虑或者情绪化的时候，你是否常常觉得这些感受阻碍了你表达自己的能力？

你能应对得了困难模式的交谈么？

因为某些谈话涉及双方意见的冲突，所以大部分人觉得这类谈话充满挑战。而成功又要求你在不同场合都具备不同的特质：有时你需要的是决断力或高度的自尊自爱，有时候又需要同理心或者言语得体，不得罪人。下面列出了一些棘手的谈话情形，试着问问自己，你在这些谈话场合中都表现得如何？

- 拒绝劝说性的请求；
- 表达一个不受待见的观点；
- 向可能会拒绝你的人求助；
- 拒绝别人的求助；
- 清楚冷静地解释你有多么愤怒；
- 回应别人的侮辱或者讥讽；
- 跟一大堆朋友讲故事；
- 让你的领导（掌握之人）做事；
- 告诫某人不要再做某种你无法接受的行为。

进一步探索

用你的回答作为基础，评测在不同场合下，你是否能够完全专注地投入到谈话的“语流”之中，或者是否在某些情况下你更可能变得分心。这并非只是一个谈话技巧的问题：它直达你与他人之间联系的中心。试着再做一做问卷调查中涉及具体（感情）关系的相关部分。正念会使你与他人之间的关联更具有开放性、施予性。到那时，就足以知道你真正想要提高的互动是哪些了。

我是谁？

身份问题

我们通常不愿花时间来思考“我们是谁”这个充满哲学意味的问题。但有时这个问题会变得很重要，总是引起我们的迷惑和压力。通过从自身迷惑中筛选出真相，正念往往能使我们拨云见日。

当你问自己“我是谁？”恐怕你的脑海里想不出一个确切的答案来。一大堆各种各样的想法会涌进你的大脑，争先恐后地想成为焦点。

在这一大堆想法当中，有一些将会成为你生活中扮演的各类角色以及伪装人格——你想要展现在他人面前的形象——的标签。有一些可能与你的价值观相连，不管是道德价值观还是政治价值观，抑或是精神价值观；还有一些可能与你所属的国籍和社区有关。所有的这些描述加在一起就成了“合成的”身份，而这个身份却完全无法捕捉到“你是谁”的真实所在。你真正的身份其实在别处，是无法用言语描述的。

你不是公众眼中的你

任何想要更真实了解自己的人一定要以正念之法审视他的公众形象，也就是他们展现在世人面前的外在身份。这种人格是每日与他人打交道都要使用的伪装面具。它与更真实的内在自我之间通常存在很大差异。外在自我是我们想被看见的自己，比如细心、高效、聪明的自己等等，也是我们想要实现的理想中的自己。只不过我们的伪装人格并不完全受控于我们：它有部分是受过往经历影响的。当真正的自我发现伪装人格无法依附时，我们便会开始担心我们的真正身份。了解你的伪装人格如何运作是自我理解很重要的一步。以正念之心融入当下能够帮你看清事情的本质：伪装人格不过是一种欺骗，并非你最重要的一面。

装作从未发生

你的完美公众形象背后通常隐藏着矛盾的真相。

身份危机

我们所采用的“混合型身份”能够帮助我们在不断变化的生存环境中保持稳定。有时“混合型身份”中的不同构成部分之间也会发生冲突，由此引发“自信危机”。下面描述了三种出现“自信危机”的情形。正念训练能够让我们实现简单的“存在”，帮助我们在麻烦时期从冲突中暂时抽身。

当我们的人生角色发生冲突时

人生中能够利用的时间是有限的，因此我们不同的人生角色就可能产生竞争。有时会觉得自己被推着往各个不确定的方向前行，比如究竟是要扮演一个好父母还是一个好经理。不断地从一个人生角色切换到另一个角色，令我们感到无论哪个角色都无法做到尽善尽美，做到让自己满意或者让他人满意。

当我们对自己的了解与他人的看法背道而驰时

我们可能常常会面临一种充满压力感的需要——我们的行为只是为了满足他人对我们的期待，但其实内心明白自己是与之不符的，于是我们的公众身份便成了一种假装，一种做作。

当我们开始以痛苦来定义我们的身份时

因自卑、感情问题，或者身体精神上的疾病所引起的痛苦，能够慢慢潜入并成为我们身份中的一部分。然后通过这种方式将我们与痛苦捆绑在一起，最终达到延长痛苦的悲惨效果。

认清真我

正念与个性

很多练习正念的人经常说，练习冥想时比其他时候更能感受到真正的自己。仅仅只是沉浸其中去体验就能得到真实、清晰、平静的感觉，使构成真我的因素被投弃。

练习正念并不代表能百分之百让你更加了解真正的自己：更多的结果是，你不再把自己的个性看作无关紧要。这样可以消除很多由关于自我的问题引发的困惑。当你以正念的方式步入此时此刻，你并没有中止对你最珍视的东西所许的承诺——比如你与伴侣的恋爱关系。你只是没认同特定的某些价值观。只要你还遵循正念，此刻你就只是一个活着的清醒的人，只关注当下的经历。所有影响你生活感觉的压力不会再对你的自我形象施加强制性力量：这些压力变得像轻轻的云彩，尽管你还是可以看到，但不会限制你的进步。

自由与身份

以正念的方式生活，我们关注的过去、将来和现在，都可以被感知且不会造成任何伤害——就像围绕在气球周围的云。当我们在人生路上渐行渐远，我们的价值观念与承诺会长久围绕身边，但不会违背我们。

评论者与观察者

对于大多数人来说，思考是一种内心独白。在你的脑海中，藏着一个喋喋不休的小人，他一整天都在对我们所做的事指指点点。这个小人是一个评论者——他永远不会安静，永远不会满足；如果我们听从他的话，就会忽略了该怎样满足于生活的本质。更好的选择——但通常更难做到——是听从他的心灵伴侣，即观察者，他活在当下，只讲述真实的生活。乔恩·卡巴-金曾说道，我们与思绪和感觉之间这种永无止境的周旋就像陷入了一条狂涌的激流。若将他的隐喻举一反三，评论者就好像在这条激流的上空大声呼喊，只为了让别人听见自己。同时，观察者平静地坐在岸边，钻研着这次经历的念流。对比下图中评论者与观察者的特点，尝试与你生活中的亲身经历对号入座。

评论者	观察者
享受美好生活，喜欢快乐，排斥痛苦。	对快乐和痛苦的经历都能坦然处之。
喜欢作比较。	实事求是，实话实说。
总是评论不休。	保持活在当下。
模仿我们的语态，让我们对他言听计从。	一贯诚实。
喜欢夸张事实，扭曲事实。	有一碗水端平的意识。

你对内心的评论者听从得越多，你的头脑就越不能自由找到解决问题的创造性办法。

调查问卷：我是一个什么样的人？

你怎样看待自己？

自己看待自己是一个样子，但别人看待我们可能又有所不同。如果是这样，我们也许能精心刻画出一种希望被别人看到的形象，当然也有可能被人们看穿我们是在自欺欺人。完成以下调查问卷，以调查结果来评估你在认清自己方面可能存在的问题，从而更加清楚地了解真正的你。

问题. 你认同自己的角色吗？

- 你人生中最重要的角色（与其他角色不同）对你自尊心的建立起了多大的作用？
- 你多久一次担忧你不只是一个人，而是两个或更多有着互相矛盾优先顺序的人？
- 你认为你为了达到人们对你的期望而做了多少自我牺牲？
- 你认为你人生中所扮演的角色有多少是你希望人们看到的？

问题. 你认同自己的成就吗？

- 你多久一次从你人生目前所取得的成就中汲取个人力量？
- 你将房子、车子或者业余追求看作象征个人成功的想法有多强烈？
- 你认为回忆过去的成就对让你在公司倍感自信有多少帮助？
- 你多久一次将失败深深刻入心底，感觉自己对自己很失望？

回顾你的优先顺序

这里用一张饼状图（如右图）为例，画出了属于你自己版本的构成图。图中以不同大小的分区，来代表在此构成图中，哪些因素与你的人格建立联系最为紧密。这并不是完全精确科学的划分：只是用你的直觉画出的一张近似正确的分布图。如果你倾向于其他不同的术语或估量方式，可以自行替换图中概念的名称。

问题. 你认同自己的问题吗？

- 你多久一次感到你存在的问题塞满了整个大脑，再也没有空间留给其他事情？
- 你认为你存在的问题是你人生一部分的想法有多强烈？
- 你认为几乎不可能构想出一个不存在任何问题的自己——即一个幸福放松的自己，这种想法有多强烈？
- 你认为你已经习惯于你所存在的问题，解决了这些问题反而给自己的人生留下一段空白，这种想法有多强烈？

问题. 你认同自己的价值吗？

- 有多久一次，当有人挑衅你的价值所在，你会感觉他们在故意诋毁你？
- 你有多希望人们以你相信的、与你所做或所说等价的标准来评价你？
- 你认为不能理解你价值的人不了解真正的你吗？

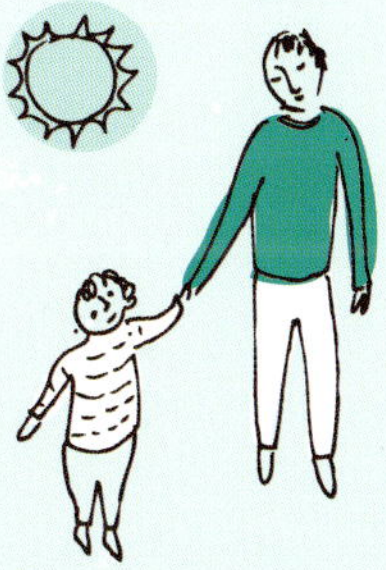

进一步探索

用自我分析来评估你看待自己的方式——依据你认为你扮演的角色、你的成就、你的沮丧以及你珍视的信仰。你能察觉你人格里不同的因素吗？这些因素里面有多少是你无法确定的？考虑一下——如果你的人格植根于过去的经历——是否有你可以采取的未来发展方式来解决人格方面存在的问题。下定决心利用正念来助你取得成功。

同心圆

正念之家

通过用心地收拾家务和整理房间，可以使你的家庭生活变得充实多彩。毕竟，对于“家”来说，最重要的是住在里面的人，与家人分享正念是一个让彼此之间敞开心扉的极好方式。

家不是一个空壳子。住在家里面的人当然比房屋更为重要，但家这片地方也是我们自己选择的环境之所在。利用正念可以衡量我们的选择，在你的家里贴上属于你自己的个人标签是一项明智的练习。练习正念还可以让我们更容易被触动，我们渴望围绕在周围的是一个具有吸引力的环境——一个令我们心满意足的生活环境。你可以将这种充实家庭的行为看作一种别样的慷慨，将幸福快乐赠与居住在这个空间里的其他人们。

物质意义上的家，就像一个人，有些易被伤害：它有着属于自己的瑕疵、习惯和情绪。如果你要以正念的方式生活，便要注意这些问题，并予以积极应对。每一项你采取的补救措施——无论小到清洗窗帘还是修好一条老旧的铰链——都会给你提供一个在此刻让生活圆满的机会，沉浸在日常琐事之外的新鲜感中。你的家就像一处花园，需要定期打理维护，但这种打理维护不至于影响你继续体验自己的美好生活。

家庭生活

在一个幸福之家里——无论你是一对正念夫妇中的一个，或者仅仅只是住在同一屋檐下的朋友——共同开启一场正念之旅的意识会给你们带来兴奋感，不只对你所做的探索发现来说是如此，对这种关

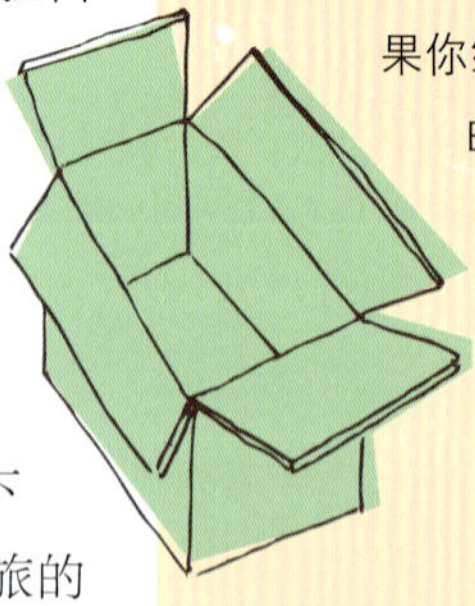

> “一个家应具备供养身体和精神的食物和炉火，否则便算不得一个真正的家。”
>
> ——本杰明·富兰克林

整理房间

整理房间是一项理想的正念训练项目。

- **丢弃：**依次拿起并查看所有物品，然后专注于你的思绪。如果要你丢弃一件物品，你会产生什么样的感觉？可能你会感觉失去了一个可以联系过往的念想。专注于这种感觉，不要加入任何评判。时刻提醒自己，你活在当下：过往可能会成为你的累赘，如果你给予它过多关注，它就会白白损耗你的精力。

- **整理：**杂乱无章会使人分心，每次你看见这种杂乱的场景，就要提醒自己，还有活要干。果断坚定，谨慎条理，当房间开始慢慢变得整齐，注意观察你自己的反应。清除了过去的灰尘碎屑，使你得到满足感了吗？

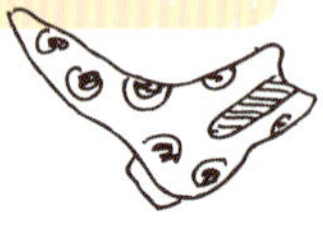

系本身亦是如此。

孩子能增加家庭幸福感，主要是因为他们并没有时间以自己的方式开启人生。与他们分享正念，听他们以正念的方式侃侃而谈，拓展你们之间的同理沟通，为他们的茁壮成长、成熟稳重奠定坚实的基础。

想要将正念融入你的家庭生活中，可供选择的方法有很多。最简单的方法就是感恩，不要认为你现在已有的一切是理所应当。想想它们从创造、制作直至来到你面前，到底经历了多少？有多少人为之付出了努力？他们是何人，又会在何地？本着同样的精神，在购物时请认真考虑——谨慎地决定不买某物，是你的备用选择；它会令你感到满足，是购物疗法的一种形式。

三大正念家务琐事

利用家务琐事作为简单的正念训练。慢慢专注于此刻你选择的集中对象，避免评判你自己，也避免评判你的感觉。用一种积极的精神处理这些家务。如果产生了躁怒之情，只需怀着好奇心旁观之：不要使自己陷入其中。

清扫庭中落叶

这是一项佛家禅宗传统的正念训练。依次专注于扫动的落叶、身体的律动、你的呼吸和清扫落叶的沙沙声。驱散其他任何感觉及思绪。

全心全意地铺床

专注于你的身体活动时的感觉。每当你留意到一个想法或者一种感觉，又或者来自房间里的无关声响，慢慢将注意力移回到铺床上面。

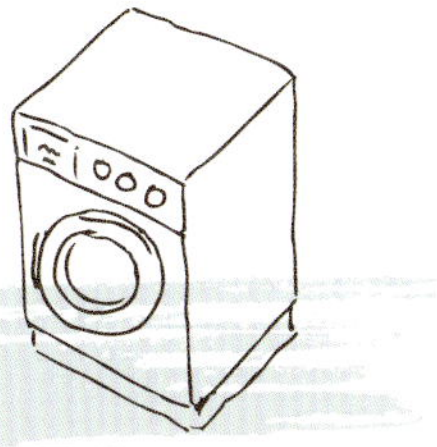

以正念的方式洗衣

体会衣服纤维的触感，以及它们互相交错叠加的方式。注意洗衣机的声响，以及启动时的震感。用一分钟左右的时间观看并细听，驱散其他一切思绪和感觉。

一切尽在你掌握

了解幸福的真谛

如果理想中的幸福源自于换一个活法的白日梦，那么我们就不太可能实现它。过于迫切地一味追求幸福会让幸福离我们越来越远。最好再次衡量一下，对我们来说，幸福到底是什么：或许会发现，幸福一直就在我们身边。

无论是否得到了你想要的幸福，自我评价总是不那么容易的。你要以你的偏好来为自己的经历做一次评估。如果你用自己的标准评估之后，发现自己远远不够幸福，又当如何呢？直到现在，你也不知道情况到底是怎样。在这种情形下，审查你是否幸福——仅此而已——就是那个让你感到不幸福的缘由吗？

测量幸福

首先，你该怎样测量你的幸福？大多数人采取的标准是用某种精神上的对比来评估，它不是拿你过去的幸福与现在的幸福相比较，也不是拿别

我们想象中的幸福是真正的幸福吗？

有没有这种可能，这世上最宝贵的幸福与你一贯渴求的幸福之间大相径庭？下列是一些你可能并不常见的见解：

真正的幸福是

- 步入此刻便被我们发觉的福气；
- 基于且渗透一切情绪（包括伤感）的平淡；
- 我们所言、所为、所想都和谐无间的思维状态；
- 毫无保留、永不言悔、全心全意地勇往直前；
- 源自善意的结果。

> 我们为自己织就一段段虚幻的故事，又用这些故事碎片创造出一幅幸福生活的影像。

人的幸福与你的幸福相比较，而是用一种理想化的幸福来衡量——这种理想化的标准是，你对现在的生活感到心满意足，开心快乐。而这样存在的问题是，生活太复杂，这种理想化的标准并不会起多大作用。

舍本逐末

我们对幸福的向往会闭塞真正的认知观念，使我们无法看清生命中已经拥有了的丰厚。为了达到心目中幸福的标准，我们会错过意义非凡的人生经历——我们还会抗拒这些经历，心心念念想着去改变它们，意识不到这些经历本身就有着能改变人生的远见。我们也错失了此刻藏在心灵深处的幸福，那是对生活的美好与奇妙怀着的一片感激。

幸福与正念同行？

如下，正念赠与我们礼物，让我们变得幸福。幸福又可以充实这些礼物，让我们愈发幸福。正念还会挡住所有不幸福的道路：正念让我们停止后悔，停止苦思，停止活在忧心未来的焦虑之中。

快乐的训练方式

活在对天降礼物的期望中，就只会带来失望；将每一分每一秒都看作天赐的礼物，才是通往幸福的正念之路。

“不欲以静，
天下将自定。”

——老子（公元前694年–公元前531年）

宏伟的蓝图

探索人生的意义

幸福与意义都是抽象的概念。很多人都为之所扰，不确定幸福与意义这两者在他们的人生中是否存在，或者说至少潜在。如果有，该如何去发掘？为此，正念一如既往地为我们提供了路线图——还设好了指南针。

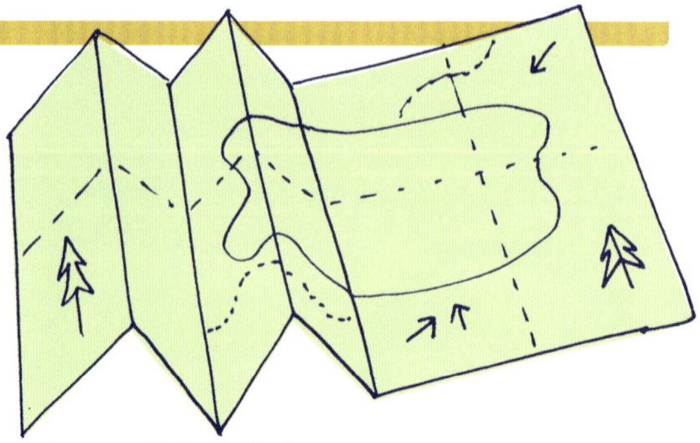

渴望更加美好生活的人们可能会有疑惑：“如果我从未曾靠近某个目标，那么追求这个目标的意义又何在？”即使那些在外人看来应该很满足的人——他们拥有漂亮的房子，牢靠的人脉，可爱的孩子，体面的工作——但有时他们的内心也会产生深深的空虚之感。如果你有一种模糊的感觉，认为自己的人生不圆满，那么正念或许能帮你找到缺失的那一角。

你幸福吗?

提起幸福，人们很容易就会掉进一个文字陷阱。你确信你很幸福，但当你再次回顾这个问题，耳边总会响起一个遥远的不安的声音。你猜测，可能是因为你的人生缺少意义：你不理解该如何去适应万千事物，你担心会失去如今所有的一切——虽然终有一天你会失去。等到美好事物都消失殆尽，你又会拿什么来代替它们?

通常，就是这样的想法，引导人们产生某种精神诉求：他们会诉诸宗教信仰、宗教仪式和神圣文字，又或者是一种形式更为自由的精神生活。这样的探求可以让人们找到深层次的真理，但并不是每个人都可以。

概念与现实

遵循着从个性到一般的规律，我们树立起幸福的概念——例如，你拥有钟情的配偶、可观的收入、健康的身体等等，所有这些因素加起来，令你确信你是幸福的。在这个一般化的进程中，你会因现实的存在倍感艰难——从此刻起。

正念是这样一个术语，它适用于此刻经历的自觉意识，且不加评判。引申开来，它鼓励我们不要太过于依附幸福的概念。

超越幸福

如果你的人生中感到不安，正念训练会带你走进这种不安的感觉，

> 如果你正在努力使自己变成一个真正的人，变成一个可能的最好的自己，那么你的人生就有了与任何人期望中同等的意义。

与之建立亲密的关系。当你专注于这种不安感，关于幸福的念头就会与你疏离。困扰你的问题也会烟消云散：即，是你的要求太低，还是你根本没有想象中那么幸福？这与你此刻的体验毫不相干。它只是语言游戏，而你的不安是超越语言的。有时候，语言会徒增困惑，让你的不安变本加厉。正念能让你做自己，不使自己陷入某些让你如何倚赖外部环境的观念之中。它为你真正的幸福开路。

“人生的意义是什么？”这个问题曾被人们忽视，通过正念冥想，你会发现，你的思维可以平和，就在此刻。若给你足够的时间和训练，自我的淡然平静就能源源不断地产生对别人的接纳、理解和怜悯。你开始明白，人类的苦难源自于人们无法找到对所有人都潜在适用的精神养料之源。这个问题你自身解决起来很吃力，是因为你在从一个无益的视角看待你的人生。若从真正的、正念的视角来看待，人生便有了属于它自己的意义。你把这个宝贵的礼物带给别人，这种意义就会蔓延到他人身上。我们练习正念，不是为了变得独特，是因为我们本来就很独特。

金柱

那些给我们的存在赋予真正意义的品质与价值观，可以比作一根金柱——它给予我们善良正直、心满意足的人生一个纯粹且不朽的支撑。然而，很多人将自己的人生建立在错误的意义之上——尽管这些在短期内独具诱惑——但终将败给黄金造就的金柱。也有人采取了可能值得一试的价值观，但这并不绝对。正念冥想将金柱立于自我觉醒的圣所，让金柱的建立不再是梦。

正念冥想

本章介绍了几种关键的正念冥想，从集中于一个物件到集中于身体和呼吸，将会为你打开一扇通往幸福生活的大门。

新手入门

冥想训练简介

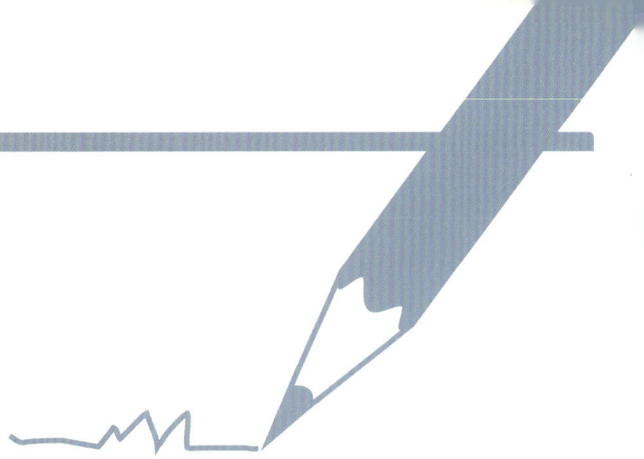

这一章将引导你走进正念冥想训练的核心。你会发现，它们并非陌生神秘，反而很容易融入你的日常生活。你的正念之旅由此启程。

冥想之时，仿佛你的感觉、思绪、情感都封闭在一个水族箱里，四面皆是玻璃墙。你拉过一把椅子静静地坐下，观望着箱内的场景。那儿一片宁静——虽然这水箱里上演着形形色色的闹剧，本该乱作一团。

此刻，超过其他任何时候，你成为了观察者（见73页）；你不欢迎内心的批判之魔与你一起，因为正念意味着享受此刻，不容评判染指。假如你发现内心的批判之魔悄然而出，不必理它；若不理会，它很快便会逃之夭夭。

正式的冥想训练只是在你的每一天里留出某个时刻用来冥想。你可以决定冥想多久，但如果你是个彻头彻尾的新手，5到10分钟是个不错的出发点。

每日训练

可能你已然听过关于冥想的讹传谬见（见右侧方框），但务必确保不要掺杂仪式化的做法：你不需着专门的服装，不需携带护身符，不需在房间里播放音乐制造氛围或者焚香。你只需决定何时开始冥想，然后付诸实践——按照先前决定好的时间。理想地，你应该每天都冥想，但如果保证不了做到这种程度，你至少要每隔一

初学者冥想五个小贴士

训练伊始，你对冥想还不甚熟悉，可能会有点迷茫。牢记以下五种简单的小技巧——它们会帮你找到适合自己的方式。把它们写进你的冥想日志，每轮训练前回顾一遍，自己标记下哪些技巧有效，哪些无效。

1

对自己温和一些——许多冥想者称之为“自悯”。多一点宽容，多一点关怀。

2

随时准备观察学习：这是你冥想之中该有的唯一意图。

没有灵丹妙药

尽管有些人训练寥寥数周就能切实获益，但不是每个人都适用。

关于冥想的十大误区

冥想训练很大程度上被人误解。以下是常见的一些误区：

1. 冥想是一种放松技巧；
2. 冥想需要一个安静的场所或庙宇；
3. 冥想时你的精神高度集中；
4. 冥想时要放空思维；
5. 冥想者通常是得道高人；
6. 冥想者必须席地盘腿而坐；
7. 冥想必须要有平静的思维；
8. 冥想是一种自我催眠；
9. 冥想者可操控自己的思绪；
10. 冥想非成即败。

天冥想一次。你有多种核心训练可供选择来练习冥想，比如利用呼吸、身体、物件或情感，这些在下面几页中将会有详细的描述。每一项训练都要持续几个星期，才能进行下一项，以此方法来择出最适合你自己的方式。选定其一，你可以结合不同的冥想方式，创建一个多样的规划（见88～91页）。选择权在你——没有孰是孰非。

3

原谅自己的走神：如果训练时没能聚精会神，不要为此感到不开心。你没有失去任何东西：只要让自己在此刻回神。

4

找一个正念之侣：与你分享冥想经历的伙伴并不是非找不可，但可以提高你的训练积极性，给自己多一重保障。

5

训练结束后对自己表示感谢——对自己百忙之中为冥想如此费心专注表示感激。

混合与匹配

规划你的训练

开始正念训练后，你可能会担心自己是否得其要领：自己是否在正确的时长里用正确的顺序做正确的冥想？这种疑虑是杞人忧天：正念是一种理念，我们有无穷多的方式来实践这种理念。

成功的正念训练并无固定惯例可循。有些人喜欢致力于一种或几种本章所描述的核心正念冥想（右侧方框所列）；有些人却喜欢把不同冥想方式加以混合匹配，来迎合他们自己的偏好，也有些人仍旧倾向于按照更加系统条理的规划来着手。

当代正念的先驱们，比如乔恩·卡巴-金，基于他们为众人治疗过程中取得的经验，最先设计了一种8周方案。然而，这种方案并不具有什么魔力——它只是一段足够长的时间，长到足以令正念冥想的益处得以显现；而且，它的多样性有助于激发初学者，为训练的构建提供了足够大的

量“己”定“时”

每天些许冥想，聊胜于无：如若只能练习几分钟，不要因此责怪自己。

框架。

进步方案

90～91页提供了三种不同长度的方案，如果你愿意，可以一试。所提供的结构旨在有所助益，而不是规定性的。一旦你致力于某一种方案，或许还将之修订以适合你的日常生活，你就再也无需抉择如何让正念为你所用：你只消按所给的方法照做。然而若有一日，你抽不出空，或者想给正念放个假，便放手去做，不必感到愧疚难安。

冥想时分

正如你对冥想训练的选择没有孰是孰非一般，决定冥想一次多久以及多久冥想一次，亦没有对错之分。在一项研究中，参与者做冥想训练8周，研究发现，直至训练结束，每位参与者每天的平均冥想持续时间是23分钟。这些参与者大脑中与幸福感有关的部位活性更高，而与压力感相关的部位活性较低，有力地说明了每天做20～25分钟的冥想大有裨益。然而，也有很多人称，每天10分钟的正念冥想就足以减轻压力，提升幸福感。

完成第一项方案后，你就能从实践中足够了解正念，亦能自己决定以后要走的路子。比如，你可以选择一种完整的方案反复训练，其间穿插其他不常选用的冥想方式。如果你觉得无法将自己的日常安排妥帖，却从目前所做中有所受益，那么请继续——如有适当理由，也可略作调整。

正式训练

本书包含关于以下正念冥想的分步说明：

呼吸练习：96～99页
身体-呼吸练习：106～109页
对物冥想：114～119页
全身扫描练习：120～125页
步行冥想：132～135页
慈心正念：139～141页
山之冥想：144～147页

你也可以在非正式环境下冥想：另一些可能的冥想在下列页码中有所描述：

落叶纷飞：22～23页
家务琐事：76～77页

呼吸训练和身体-呼吸训练是基础冥想，所以建议你在进一步训练之前先熟悉适应这两种训练。之后，你可能会更多地被某些特定训练吸引：譬如，你天生富有同理心，那么慈心正念冥想可能更适合你。又如，你热爱自然喜欢户外，山之冥想训练可能最为水到渠成。

在诸如全身扫描等深度训练中，可能你会面临不适情绪。倘若如此，不要逼迫自己：要是太过心烦意乱，就先知难而退吧。暂且回归更为简单的呼吸训练和身体-呼吸训练。如果准备就绪，便再次向着深度训练循序渐进。

正念冥想

三种方案

遵循冥想方案而行可以为你的正念之旅提供构架。如日程表一般，它是用来为你服务的，而不是对你限制束缚。这里列出了三种方案，为需要之人指路导航。

这几页提供了一种专门设计的8周方案，还有两种周期较短的方案，以供有意尝试结构化课程的人选择。你可以视自身需要和偏好，自行缩短或延长训练周期。期望在于，完成任一方案，自此往后你能有足够的信心为你的日常生活添姿加彩。

1 初学者呼吸-身体冥想训练

为期4周
每日10分钟，逐渐延至每日30分钟

第1周呼吸训练 每日10分钟

将正念运用于至少两餐、两件家务琐事和两次时长为半小时的行走。

第2周呼吸训练 每日20分钟

同时亦可尝试进行**步行冥想**，将正念运用于至少两餐、两件家务琐事和两次时长为半小时的行走。

第3周身体-呼吸训练 每日20分钟，其间交替进行**步行冥想**或**呼吸训练**。

同时亦可尝试进行**对物冥想**，如有意愿，可以继续利用三餐、琐事及行走练习正念，也可尝试进行正念会话。

第4周身体-呼吸训练 每日30分钟，可随时配合**步行冥想**、**呼吸训练**、**对物冥想**或**山之冥想**，用这些训练替代或补充身体-呼吸训练。继续利用日常活动及会话进行日常正念练习。

2 初学者呼吸、身体及洞察力训练

为期6周
每日10分钟，逐渐延至每日30分钟

第1周呼吸训练 每日10分钟
将正念运用于至少两餐、两件家务琐事和两次时长为半小时的行走。

第2周呼吸训练 每日20分钟
同时亦可尝试进行**步行冥想**，将正念运用于至少两餐、两件家务琐事和两次时长为半小时的行走。

第3周身体-呼吸训练 每日20分钟，其间交替进行**步行冥想**或**呼吸训练**。
同时亦可尝试进行**对物冥想**，如有意愿，可以继续利用三餐、琐事及行走练习正念，也可尝试进行正念会话。

第4周全身扫描 每日30分钟，可随时配合**步行冥想**、**呼吸训练**、**对物冥想**或**山之冥想**，用这些训练替代或补充全身扫描训练。
继续利用日常活动及会话进行日常正念练习。

第5周全身扫描 每日30分钟，可随时配合**步行冥想**、**呼吸训练**、**对物冥想**或**山之冥想**，用这些训练替代或补充全身扫描训练。
继续利用日常活动及会话进行日常正念练习。

第6周全身扫描 每日30分钟，可随时配合**步行冥想**、**呼吸训练**、**对物冥想**或**山之冥想**，用这些训练替代或补充全身扫描训练。
同时亦可尝试用**慈心正念训练**来替代某一次全身扫描训练。继续利用日常活动及会话进行日常正念练习。

3 呼吸、身体及洞察力训练完整版

为期8周
每日10至30分钟，如有意，可逐渐延至每日40分钟

第1周呼吸训练 每日10分钟
将正念运用于至少两餐、两件家务琐事和两次时长为半小时的行走。

第2周身体-呼吸训练 每日20分钟，其间交替进行**步行冥想**或**呼吸训练**。
将正念运用于至少两餐、两件家务琐事和两次时长为半小时的行走。

第3周身体-呼吸训练 每日20分钟，其间交替进行**步行冥想**或**呼吸训练**。
同时亦可尝试进行**对物冥想**，继续利用三餐、琐事及行走练习正念，也可尝试进行正念会话。

第4周身体-呼吸 训练每日20分钟，其间交替进行**步行冥想**或**呼吸训练**。
同时亦可尝试进行**对物冥想**，继续利用三餐、琐事、行走及会话练习正念。

第5周全身扫描 每日30分钟，可随时配合**步行冥想**、**呼吸训练**、**对物冥想**或**山之冥想**，用这些训练替代或补充全身扫描训练。
继续进行日常正念练习。

第6周全身扫描 每日30至40分钟，可随时以**步行冥想**、**呼吸训练**、**对物冥想**或**山之冥想**替代全身扫描训练。
继续进行日常正念练习。

第7周全身扫描 每日30至40分钟，如有意愿，可以用**步行冥想**、**呼吸训练**、**对物冥想**或**山之冥想**替代全身扫描训练——但全身扫描至少练习四次。
同时，**慈心正念**至少练习两次。
继续进行日常正念练习。

第8周全身扫描 每隔一天练习30至40分钟，交替进行**善意训练**；如有意愿，可选一或两天以**步行冥想**、**呼吸冥想**或**山之冥想**替代训练——但至少进行三次全身扫描和两次**慈心正念训练**。

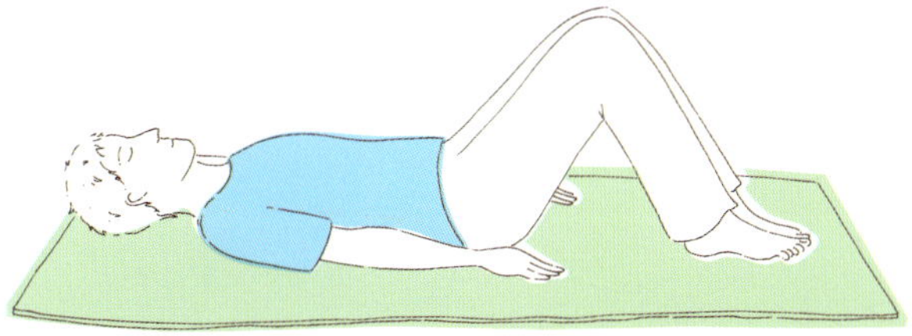

循序渐进

冥想基础

正念冥想一点都不难。只需静坐在一间安静的房间里，跟着些许简单的指导照做便是。冥想期间所获的任何体验在你之后反思之时都将大有助益。

对于从未尝试过冥想的人们来说，一个常见的误区就是，他们都怀着坚定决心与明确目标而来。而在生活中的许多方面，设立目标——以及衡量自己的进步——是值得提倡的。它能推动发展你的事业或者其他领域的志向。但冥想不同：脑海中怀着一个目标——总是关注你的冥想将会如何——会干扰你真实体验。冥想不以目的为驱使，它是要达到一种完全开放自由的真正意识状态，而不是固定目标。正念冥想是意识训练——注重当下，有目的性，不加评判。

注意力及体验

对于很多人来讲，陷入专注状态是一种新奇又释然的体验。练习正念冥想时，你需要：

- 引导注意力；
- 维持注意力；
- 拥抱体验；
- 接受体验；
- 释放体验。

你要做的练习实质上非常简单——由于它仍需努力与技巧，用“练习”这个字眼并不十分恰当。你唯一要做的努力就是下定决心开始，继续坚持，直至结束；冥想期间，缓缓地、有目

为思绪留点空间

初次进行的正念冥想将会聚焦于你的呼吸。冥想时，全身心专注于每一次呼吸贯穿身体时的感觉，你将会产生一个清晰的聚焦点。当你要释放进入脑海中的游离思绪时，便会轻而易举——慢慢地再次聚焦于你的呼吸。如果除了有意识的呼吸之外，你暗自计数了你的呼吸，那么你脑海中便没有更多空间留给那些游离思绪。而正念冥想不牵涉计算，因为在脑海中为游离思绪留点空间是大有所益的：你可以观察那些思绪，并使之解脱。

脑海中怀着一个目标——总是关注你的冥想将会如何——会干扰真实的冥想体验。

的地将思维牵引到你所选择的焦点之上。没有技巧可循。如果你开始认为自己不得其法，那就是你对自身的评判——而正念的关键在于不要评判。如果你担忧冥想时思绪总是脱离，这也是一种评判。实际上，你的思绪一向都会被任意事物拉离聚焦点——回忆，感觉，情感，思索——这是冥想时可以预见的情形。正是在这个过程中你才能领悟到至关重要的真理：察觉分心以及重新聚神就是训练本身。

应对冥想时由于思绪、情感及感觉引发的分心，专注的方法就是要有所察觉，继而使之消逝。意识是冥想的关键，也是打开自我认识之门的钥匙。顺其自然并不代表陷入那些你思绪中匆匆而至的不速之客，也并非与之进行任何形式的交流。你是旁观者，而不是评判者，旁观者只需旁观。

集中于你的呼吸。注意在你脑海中闪现的游离思绪，使之消散。

扫除思绪

若你发现如何释放那些思绪很难把握，这里有一种比喻，可能会有所帮助。想象你在园子里，天空飘着雪。雪花飘下，落在地上，你拿着扫帚将它们轻轻扫去。只要雪不停地下，你就要不停地扫，保持园子的洁净。你的打扫并不是与雪花过不去，而只是一种保持洁净的行为。你不是在操纵或者否定它们——实际上，你是在承认它们。你虽不让它们留一丝痕迹，但对它们的存在却感到坦然。

身体时刻准备着

有意识地静坐

冥想时采取坐姿，可以保持警醒及身体笔直，同时也可放松身心：相比席地而坐，更多的初学者倾向于坐在椅子上。记住，坐姿并不是训练本身——关键是你的脑海中在想什么，而不是你的双腿双脚如何摆放。

你的思绪飞扬，回顾前尘，设想未来，而你的身体却一如既往地活在当下。初学正念训练最有效的方式就是关注你身体的所有感觉。

你的身体永远在将你引向此时此地：接受这种吸引是你初次正念冥想成功的基石——在以后的训练中，你将要经常回归这种方式。更多人初学冥想时选择坐姿，是因为坐姿更为熟悉、舒适，随处可用，还能在保持警醒的同时助你放松。

准备开始

开始前，着宽松衣服——或者松下腰带袖口——再找一个不会被打扰的安静之地。坐在一把直背椅上（见98页），或者找个垫子在地板上盘腿而坐。找到一个舒适又不需用力支撑的姿势。想象自己是一座山：坚固平稳，巍然而立。

开始冥想训练之前，尝试以下方法，了解之后冥想时各种类型的感觉。将集中的精神游移全身。你能体会到下列感受吗？

- **静坐**
  来自地板及椅子的压力作用于你的双腿双脚
- **肌肉收缩**
  肌肉的收缩随呼吸而变化
- **胸腹运动**
  听到且感到空气的流动
- **情绪情感受影响**
  感觉想要皱眉头打哈欠
- **生理需求**
  疲倦、饥饿、口渴

坐在椅子上

选择一种宽松舒适、能使肌肉放松的坐姿。铺上一块垫子，使你的上背部不接触椅背。

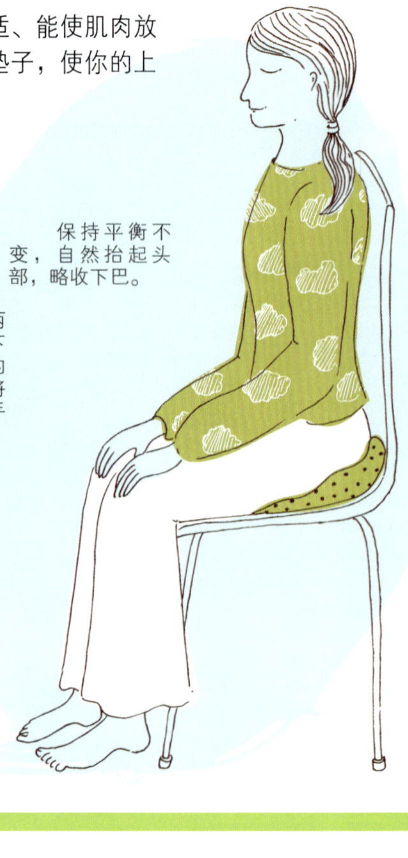

坐在地板上

如果你柔韧性较好，比如练过瑜伽，你可能更加倾向于坐在地板的垫子上，而不是椅子上，这种坐姿可使臀部抬高。下列是三种流行的冥想姿势。

半莲花式

这是简易版的莲花式坐姿，只需将一只脚放于另一侧大腿之上。

如莲花式，这种坐姿也可打开臀部；它适用于柔韧性稍差的人，但对于初学者来说仍很困难。

抬高臀部

加一个垫子，而不是直接坐于地上，可使臀部抬高，双膝更加接近或能接触地板。这样你会感觉更加平稳、“接地气”。

你的身体永远在将你引向此时此地——是时候接受这种吸引了。

莲花式

这种坐姿，你需盘腿而坐，双脚放于另一侧大腿之上。这需要很强的柔韧性。不要用你的四肢强行达到某种坐姿；如果膝盖或脚踝感到任何不适，立刻停止。

在这种对称平衡的坐姿中，双脚脚底是向上的。

散盘式

这种姿势仍要盘腿而坐，但双脚只需自然放于地上。双膝也可自然摆放。

确保双手有所支撑；否则，你的双肩将承受全部手臂重量，容易使之紧张。

左脚后跟轻抵右腿。

每轮冥想结束时，轮流交换左右腿姿势。

自由呼吸

逐步进行正念呼吸训练

我们一直在呼吸，尽管通常不会注意到它。在这种冥想方式中，你将注意力移至呼吸上面，同时关注任何分神的情况，并将其驱散。思绪游移不定是人类天性，你要接受分神的存在并为之留点空间。

呼吸有变时（比如，爬坡或者情绪激动），你才可能注意到你的呼吸。但其他时候，你都对它不以为意——因为你的注意力都在其他事情上。

呼吸永不停止，造就了一个理想的正念冥想训练主题。这给了我们一个取之不尽用之不竭的方式来将自己定格在当下。

放松：想做就做

不用忧心你能将多少时间用于冥想。初次尝试，能有5分钟沉浸其间，或许你就会感觉像过了很久，因为这与你平素的状态大不相同。你可能会焦躁不安，纠结你的冥想是否奏效，纠结是否要坚持下去，或纠结你的主题是否恰当。有这种纠结极其正常，但在此初学阶段，如果你还能将注意力保持在你的呼吸之上，那你便超乎寻常。不要气馁——坚持下去。乔恩·卡巴-金曾这样告诫初学者：你不必非得乐在其中。只需做下去，它的益处早晚会显现。

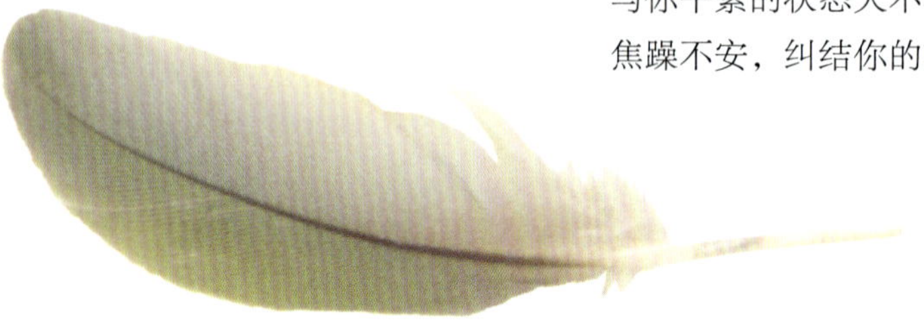

你不必非得乐在其中。只需做下去，它的益处早晚会显现。

呼吸时注意事项

我们整日都在呼吸——睡觉时也在呼吸——但却从不在意。把呼吸作为正念冥想的焦点，并不是思考如何“吸进呼出”，而是在它来临及离开的时候“注意”到它。此中区别不只是语义层面上的——它是正念冥想训练的基石，我们不认为它等同于那些在意识领域出现的事物，我们只是体验它们。呼吸时，你或许有很多方式来体会这种感觉——空气 的流动，肌肉的运动，压力，或者你鼻子的一阵瘙痒（见下方）。选择你想要的其中一种来聚神，在冥想过程中将你的注意力引向此处。

应对分神及不适

思绪游移时，不要担忧。无须责怪自己：只需将你的注意力慢慢拉回到呼吸上面。注意到你的思绪何时游离，这本身就是一种专注——能把你的思绪重新调整至呼吸上面，可以给你一种实实在在的成就感。

在正念冥想时，不只有思想和情绪才会使你分神：姿势会引发疼痛等身体不适、紧张感会影响你的膝盖或背部。如遇到这种情况，你有两种选择：

若不适感很轻微

继续保持坐姿，但留意此时的身体感觉——留意不适的部位及强度。同时留意你快速认定事物是讨喜、讨厌还是不喜不厌时的一贯做法——尝试在你的感觉中代入“初学者的想法”。用你善意的好奇心去接受它们。哪怕你坐着不动，这些不适感也有可能会转变。

若不适感较强烈

配合正念调整你的坐姿。不要说做就做，迅速转换坐姿。相反，缓缓移动，用非评判性的意识将之并入你的正念冥想。

继续

5分钟专注呼吸冥想

作为正念训练的基础项目之一，这项训练是初学者开启正念之旅很好的出发点，也是正念冥想方案第一周理想的基础训练。

1 选择一把舒适的直背椅，而不是扶手椅或躺椅。可调椅是理想的选择：调节椅子的高度，使你的双脚可以平放在地上，调节椅背至略微前倾，使你的脊柱底端恰好与椅背接触。

2 闭上双眼，若你愿意，将目光放低，散落于距离双脚约一米的地板位置。双手放松置于大腿上——双腿是否并拢无关紧要。

3 放松身体，抚平思绪。同时，保持警觉清醒。若你尝试数次都无法放松，那么本条指南只会令你更难成功，移至第4步。

4 现在专注于你的呼吸。在感觉最明显的时候，集中精神于每一次吸气呼气。有些人发现，最有效的方法是关注腹部的起伏——具体是下腹部——但其他人选择关注鼻腔里进进出出的气息。

如果你愿意，将双手放在腹部；这样可以帮助你关注吸气呼气时腹部的运动。

关于训练提示

益处：这是一项核心正念训练。是一个可以随时拿来用的训练方式。是一种很好的正念冥想入门练习。

练习频率：第一周定期训练时，每日一次做此训练。第二周起，进而练习身体-呼吸冥想，这是呼吸冥想的延伸训练（见106~109页）。

练习时长：初步练习从5分钟开始，感觉适应时延长训练时间至10分钟。

> “呼吸之时，如果你察觉到正在呼吸，那么这就是正念呼吸。”
>
> ——索林·高德哈默

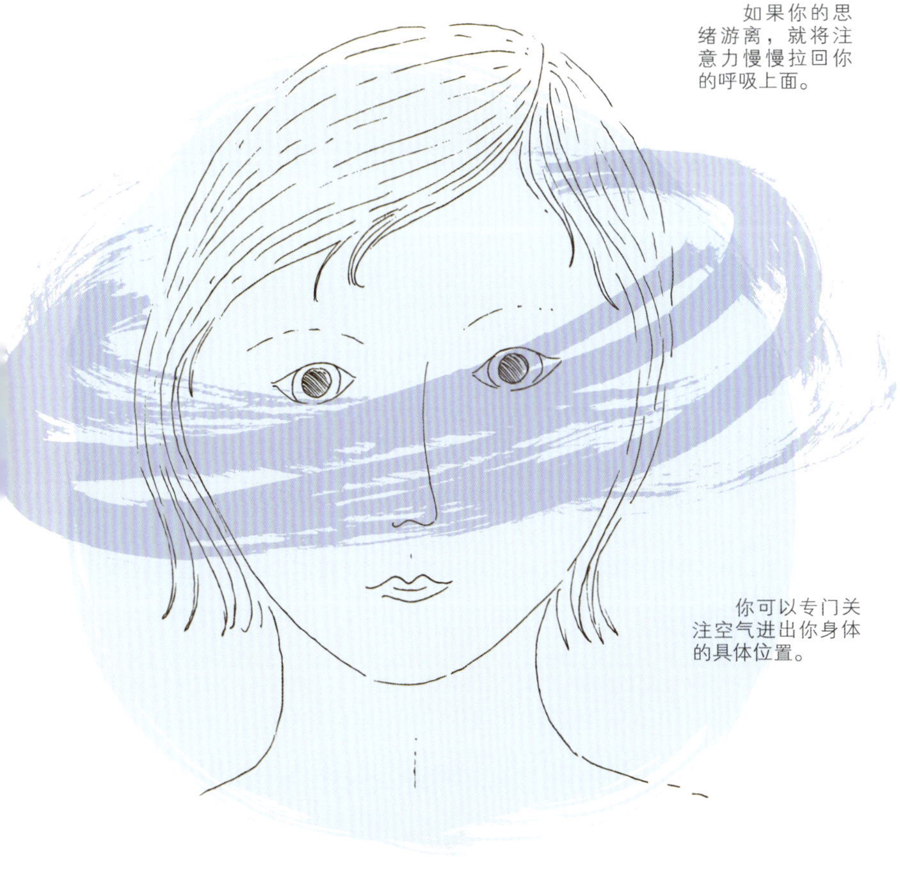

如果你的思绪游离，就将注意力慢慢拉回你的呼吸上面。

你可以专门关注空气进出你身体的具体位置。

5 正常呼吸，像你生命中每时每刻的呼吸一样——不要尝试深呼吸。此刻你要做的就是将思绪集中于你早已认为理所当然的事情——一个从你生命伊始就已成为你经历的一部分的自然过程。

6 进行呼吸冥想大约5分钟后，睁开双眼，重新接收周围的画面。有些人喜欢设定一个计时器来保证训练时长，而其他人认为这样做会分心，因为他们会一直等待闹钟响起。你可以根据喜好自行选择。

脑海中的云

释放思绪

看到思想如白云掠过天空般在我们的脑海里穿梭，不是没有可能。进行正念冥想时，你察觉到这些想法，专注于拥有它们的这种体验，但你不会通过对它施加任何精神力量来授权它。

正念冥想涉及有目的地引导你的注意力，这就包括，在你的思想从脑海中划过的时候，注意观察它们。这些思想通常会释放一股强大的引力，这种引力天生就有一种趋势，会引你走进它们背后的故事。

冥想时经常有这种情况，你突然意识到已然忽略了你所选择的注意焦点。取而代之的，你陷入了一种思绪。能注意到自己陷入某种思绪，你就已经与这种思绪分离了：你一定瞬间就如此了，否则你不会注意到这种情况。从思绪迷乱中清醒，此刻你应该暗自庆幸。这些“回神”的时刻让你看清楚这扰人的思绪——它是一位不速之客，在你沉浸于冥想之中的时候，叩响了你的大门。值得注意的是，你已经产生了这种思绪，尽管你并不想被它迷乱了心智而继续沉沦其中。

细云与密云

有些思绪就像缕缕细云，在你的脑海中如白驹过隙一闪而过。比如，10分钟前某人对你随意讲的一句话，可能就会在你的脑海中激起轻微的回荡。其他与情绪交织缠绕的思绪——它们可能与你人生中一些印象深刻的事物有关，这些事物通常都伴

你就是你，不是你想法的集合体

我们的很多想法，尤其是最受其所扰的那些，带着一种个人色彩：我们感觉它们就是“自我”。最有可能会摧毁我们自尊的，就是认同类似下列的负面想法。

当这种关于自我的陈述在脑海中闪过的时候，只有让自己与之脱离，静观而不对之评判，你才能看清楚它们：它们是想法，而不是事实。在正念冥想中不断重复此过程，它们对你的控制力就会逐渐弱化。你就是你，而非想象中的你。

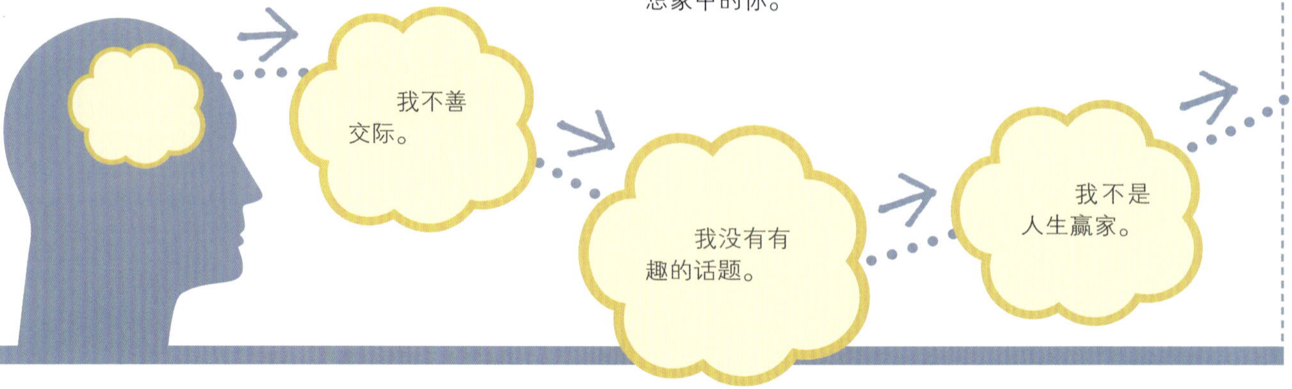

打破想法链，重获自由

冥想时若有某个想法闯入了你的脑海，如果你继续去想，就会陷入其中无法自拔——各种想法会自然形成一条永无止境的因果链。这样一条想法链一旦触发（见下方），你不必随波逐流。你可以选择将意识回归到你的呼吸之上，借此摆脱链条，从外部来看它究竟是何方神圣——你会发现，它只不过是一个想法。

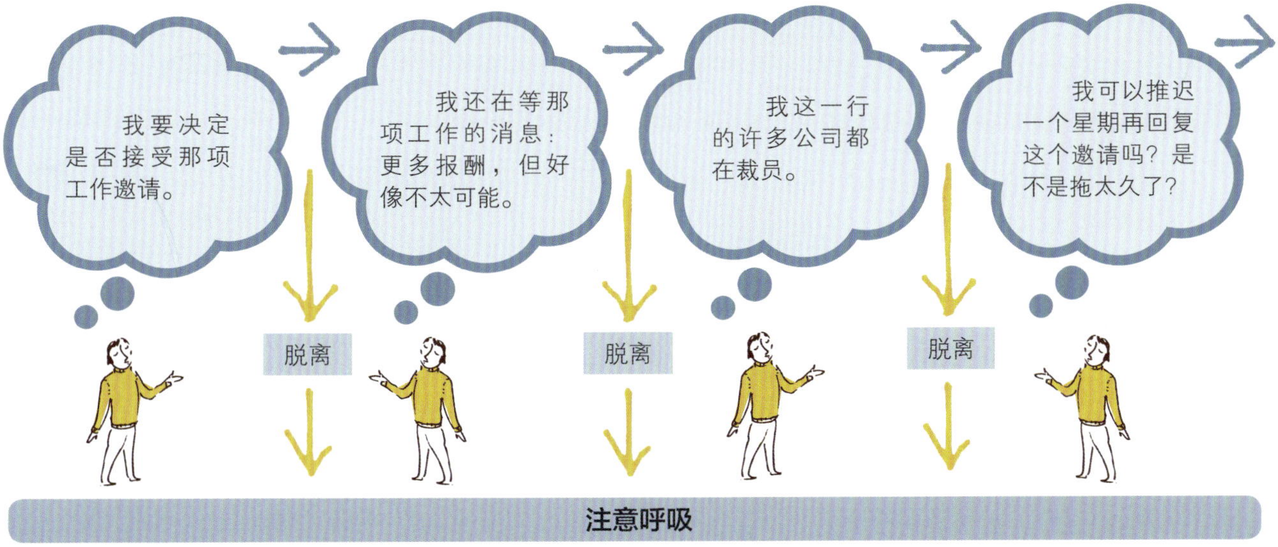

随着各种各样的焦虑或恐惧之感。你可以将这些复杂思绪看作似乎更难以将之驱散的厚重密云。然而，你冥想时对其采取的应对之法却别无二致：只需静观这些想法，不要纠缠它们的来由，然后慢慢将注意力重新回归到你所选择的冥想焦点之上。

> 你察觉某个想法并从中“回神”的瞬间，便是正念的时刻。

让大象消失

想象一头大象。

现在，有意识地尝试不去想它。

当然，这是不可能的。

你沉浸其中的时候，就无法让想法走开。

为了让大象消失，尝试动动你的脚趾，体会这种感觉。

当你关注你的脚趾，那头大象，很不开心被忽视，就会轻而易举逃走了。

脑海中的风

释放情绪

如果说思绪若云，那么情绪如风，阵阵情绪的风吹动着思绪的云，聚散蔓延。正念冥想时，你将情绪感觉抛诸脑后，同时也要接受它们作为你体验的一部分。

情绪是在不同情况下自然形成的反应。比如你看到你的伴侣在与他人嬉闹，如果你们的关系本就出现了裂痕，那么你可能会妒火中烧。又或者，你的邻居在星期天的早上7点开始在他们的院子里修建屋棚，你可能会被锤子锯子的噪声扰得恼怒不止。引起情绪的原因通常毫无规律可言：在你的理性思维中，你知道对于伴侣与人嬉笑所产生的嫉妒之情完全是无理取闹——因为这两者并无关联。但情绪会延续下去，有时导火索熄灭了很久，你的情绪还远未平息：于是，第二天，你可能想起邻居昨日扰了你美好的周末，又会产生新一轮更甚的愤懑之情。

重新集中精神

你可以尝试将情绪推开，或者逃避情绪：但这些方法只可治标不可治本。另一种选择就是以某种放纵来掩盖情绪——比如食物、酒精甚至毒品——这种方法到头来不仅无效，而且有害。所有这些逃避方式仅仅只会衍生出更多苦楚，让我们无法活得圆满。

接受情绪

与其规避情绪，还不如在冥想中慢慢学会面对你的经历。你可以以一种慈悲的、接纳的心态来注视你正在遭受的伤痛，再根据你的心得体会做出明智的选择。

这就涉及接受某种情绪——不是与之脱离，而是细细意会它所给你带来的感受。不要因为有此感受而责罚自己，相反：以一种自悯心态向它敞开心扉，接纳它，而不要与之角力。

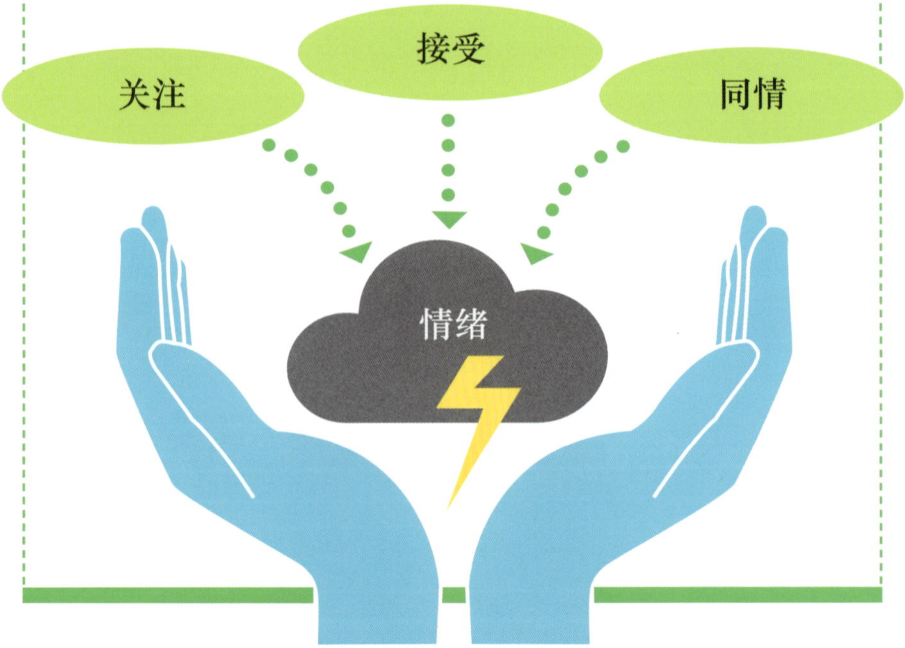

情绪反应

无为、慈悲的意识能助你应对激烈情绪。

回避、扼杀或者逃避情绪只会衍生出更多苦楚，让我们无法活得圆满。

正念给了我们另外一种逃避情绪的方式——那就是接受（见左侧方框）。在这里，你认可这种情绪，不加指点地对它敞开胸怀。在基于专注呼吸的正念冥想中，若出现情绪，你可以像处理思绪那样如法炮制（见100～101页）：你迈出情绪的桎梏，留意它们，将此时此刻的注意力再一次稳定在你所选择的焦点之上。

从情绪中习得经验

你也可以选择情绪本身作为正念冥想的精神集中点（见138～141页）。当你对所经历的情绪足够接纳时，你就可以明辨引发情绪的原因，如此便可化情绪为智慧之源。这些是不同类型的见解，它们可助你达到自我领悟的深层境界。

情绪与感觉有何不同?

想象一位动物管理员让你触摸一条蛇。你会产生两种相互矛盾的情绪：兴奋与恐惧。带着这两种相持不下的情绪，你触摸这条蛇的时候就会倍加谨慎。你的恐惧是一种情绪，而你的谨慎就是一种感觉。请看下方的表格，了解情绪与感觉的区别。

情绪	感觉
告诉我们自己的喜恶。	告诉我们如何行动。
告诉我们回应人生经历。	告诉我们回应情绪。
来也匆匆，去也匆匆。	长远稳定。
强势而来，稍纵即逝。	低调持久。
例子	**例子**
焦虑	烦恼
开心	幸福
愤怒	辛酸
伤感	抑郁

为什么不喜欢呢？

不做评判

日常生活中，做任何事的时候，我们的思维总会对事物加以评判，究其好坏、对错、轻重、急缓……而在如正念冥想这样的境界中，所有此类评判都将被废止。

我们经常发现自己很难仅仅只是接受脑海中闪过的事物。我们来看个简单的例子。假设你的朋友在艺术或运动等某些方面很成功，备受赞赏，你却对此感到怨恨。怨恨是一种不愉快的情绪，不只因为它字面意思如此，还因为你知道这是一种心胸狭窄的表现。你也知道这种强烈的妒忌之情于你来说毫无意义，其结果就是你会对自己感到羞愧失望。

机会在于你可以认清这种消极的情感模式：这是一个对感觉糟糕而感觉糟糕的恶性循环。你也可能经历过焦虑的恶性循环——内心的焦虑让你感到手足无措，因而导致更多的焦虑。同样地，你的沮丧可能会让你感觉更加沮丧。

冥想与观察

在正念冥想中，你要不加评判地专注于此刻的经历。如果你能做到这一点，就能逐步瓦解这个关于自我评价的消极的恶性循环。如果你正在练习正念，那么对此你要采取的态度就是接受——注意并承认你的妒忌与怨恨，但不要因为产生了这种感觉而责怪自己。

冥想时，你要进入一个不加评判的地带。然后，你的角色就是怀着悲悯之心来观望，就仿佛心生怨恨的那个人是一位挚友——是一个被冥想的自己观望着的充满困扰的自己。而观望的一部分就是要明辨这种妒忌与怨恨是如何显现的，在何处显现的。它仅仅是精神上的，还是在你身体上也感觉到了什么？你的肌肉变得紧张吗？如果有，在哪个部位？你的心跳加速了吗？或者你开始感觉脸红发热了吗？又或者，你认为某种情节该是属于你的，为此将妒忌作为发泄的出处吗？

现在，注意这些情绪是如何在你身体里呈现出来的——即你的身体感

视角

记住——你所感觉的，你所想象的，并不是真正的你。

觉如何。这样可以帮你避免因为这种情绪而胡思乱想——不要问为什么，但可以问是什么。此刻我对这种感觉的体会是什么？我与它的关联是什么？会不会感到不适？

以此方法冥想，我们会卸下防备，关注自身。那么如何证明我们关注？只需专心于我们此刻的经历。我们的专注，就是给自己的礼物。

万事皆可

如果你以一种善意的好奇心来关注你的情绪，接受起来就会更加容易。若你觉得奏效，就可以对自己说“产生这种感觉其实没什么”——简称“没什么”。还有一种好方法，就是在心底给自己一个微笑——这是一种缓和与温暖的精神层面的表达。用这种方式，你就以一种更具创造性的回应，用一种感觉代替了厌恶反感，将引发不适的连锁反应扼杀在了摇篮里。

我们知道妒忌对于我们来说毫无意义，还让我们对自己感到羞愧失望。

评判的循环

负面情绪是人类精神产物的一部分，它们经常围绕一个评判的循环（见下方）才得以延续。以一种善意的好奇心来接受情绪，可以瓦解因为感觉糟糕而感觉糟糕的怪循环。

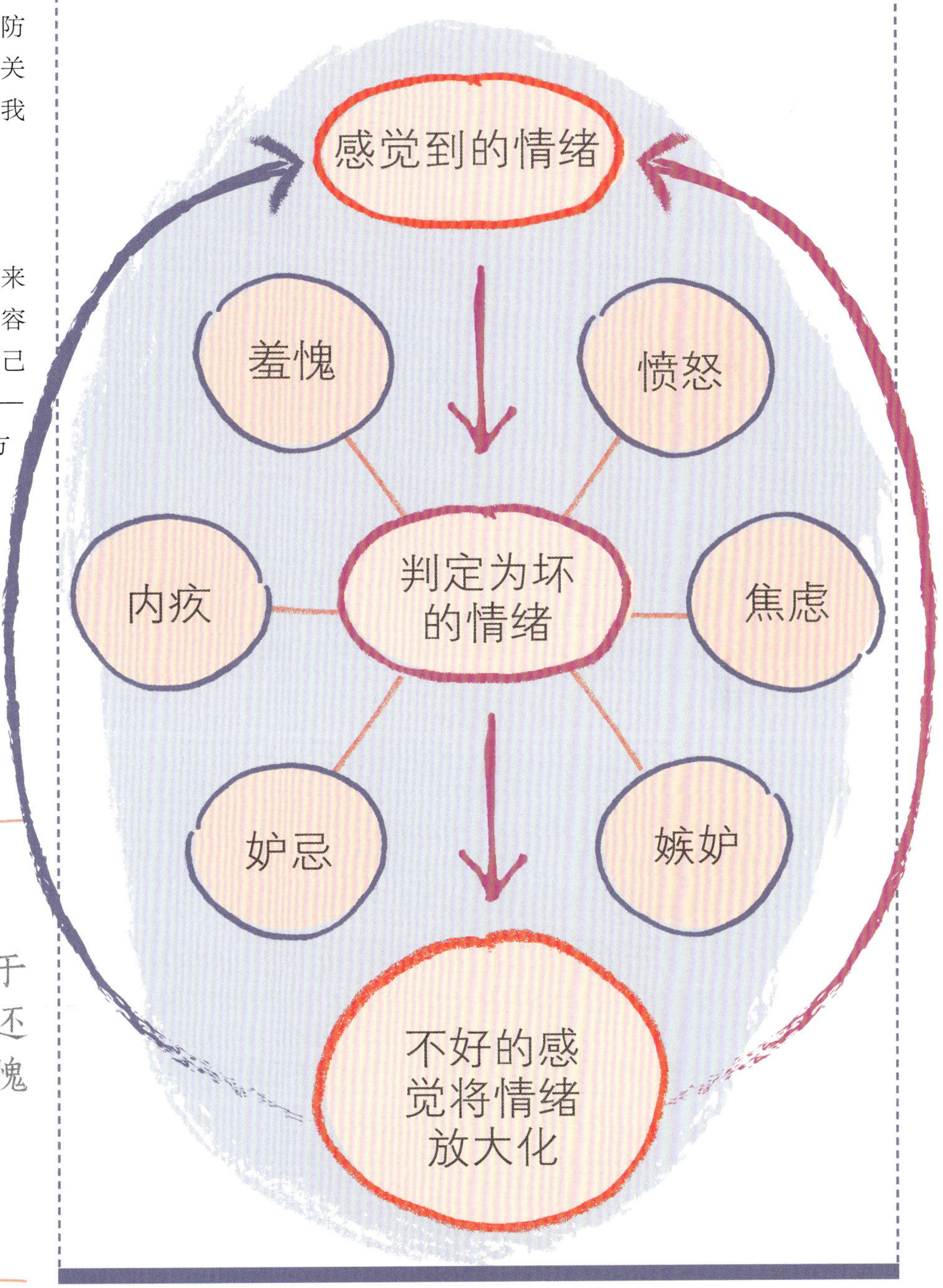

活在当下

身体–呼吸分步训练

只要意识清醒，你的身体就会一直产生各种感觉。通常，你并不在意它们——例如，你不会留意衬衫袖口摩擦手腕的感觉。然而，专注于这种体验立刻就能为你的冥想训练打下坚实基础，同时这也是冥想时一个理想的精神集中点。

在这种简单的正念冥想中，你要带着一种既放松又警醒的意识专注于身体的感觉。舒服地坐下，放松身体，沉下心坐稳——也有人称之为“正襟危坐”——你将会用心探索身体的感觉。

起伏不定的感觉

后面几页所介绍的冥想，鼓励你以一种特定的顺序专注于你的感觉——例如，先关注一条腿的感觉，然后再关注另一条腿——然而，也没有必要担心非得锱铢必较地遵从指示。训练的精神才是重中之重——以及所给出的关于应对分神的指导。

当你逐渐专注于身体的感觉，这些感觉会得以建立、消失（当你转向下一个焦点），然后有可能会再次建立。由于人的感觉起伏不定，很多人想知道该怎样处理这种随机性。假如你已经感受过的某个身体部位又开始占据你的注意力，又当如何呢？答案就是，没关系。不必担心身体的某个特定部位没有产生感觉：建立招之即来的感觉并不是你的目的。只需以一种完全接受的心态专注于你所发现的任意事物，如果你认为没有任何事物应该排除在外，那便驱散此类想法。

让你的身体及其感觉保持你意识到它们时的状态。你就像一位制图师，为身体的沟沟坎坎绘出属于它的地图。力求完全接受你所发觉的一切——紧张的部位、麻木的部位、老化的部位、不协调的部位等。驱散任何想要改变现状的念头。你不是在创造一种体验，而是在记录此刻实实在在发生的一切。对事物的真实感知，哪怕只是短暂的，也能充实你自己。

感觉如何？

身体是所有感觉的大本营，而身体–呼吸冥想能帮助你描画出属于你的大本营领地。如果完成了此项冥想训练，问问自己以下的问题。注意，给出答案时不要有自我评判的成分：本次练习的目的不在于检验或分析自身，而在于表达出你此刻在做什么，这是大有裨益的。

- 当你产生某种想法，你能以好奇心与意识应对，并使之散去吗？
- 当你产生某种情绪，你能将注意力转移到身体上来，并察觉你的身体是如何经历这些情绪的吗？
- 是否花费一些时间，慢慢关注身体的感觉与呼吸的运动，就能在以后的日子里让你的注意力更加集中于这些因素呢？

克服五大障碍

在传统的正念冥想中，“五大障碍”（见下方）是阻碍我们看得透彻或阻碍我们全神贯注的主要因素。在成年人的思维中，这是司空见惯的。若将此障碍转化为冥想的对象，对它怀有善意的好奇心，你就可以防止它带给你负能量。按照以下步骤去做。

3 困倦与迟钝

多梦，注意力不集中，思绪阴云密布

2 反感

爱评判，充满敌意，逃避体验皮肤紧绷

4 焦躁与担忧

身体或精神躁动不安，激动，

1 感官享受

期望从眼下获取更多，沉迷于令人愉悦的感官体验

5 疑惑

感到疑虑，“我做得对吗？我为什么这么做？发生了什么？”

分辨并命名障碍

接受障碍

对这些障碍**怀着些许好奇心**，考虑你对它的感觉——身体的感受，以及情绪、思绪（包括任何它催促你采取的行动）。

把这些障碍视作一个稍纵即逝的过程，而不是与你自身息息相关的东西。

扫清你的道路

有些时候，仅仅只是分辨出障碍的存在，就足以使它烟消云散，并打开你清晰的思路。

继续

身体–呼吸冥想

这项练习是正念冥想训练的另一块基石；它将96～99页所介绍的入门级呼吸冥想与身体的生理感觉结合在了一起。

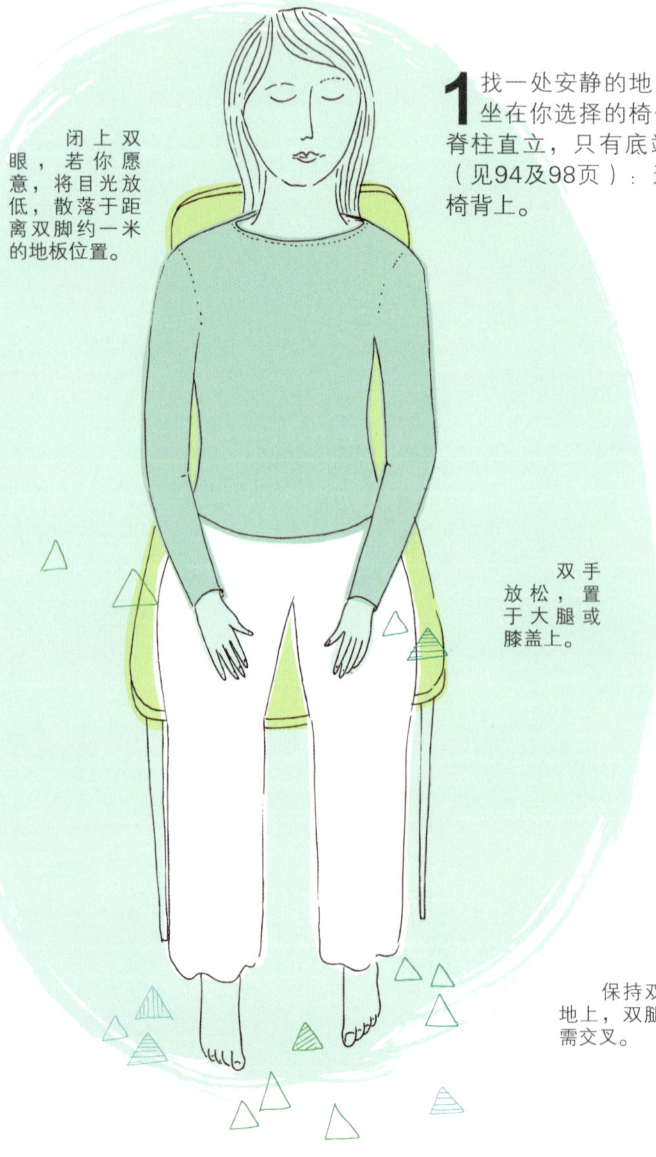

1 找一处安静的地方，舒服地坐在你选择的椅子上。保持脊柱直立，只有底端接触椅背（见94及98页）；避免瘫坐在椅背上。

2 身体放松，抚平思绪。同时，保持警醒。如果尝试数次后，你发现自己无法放松，本条指令让你焦躁不安，不要担心。只需专注于呼气吸气一分钟左右，之后再逐渐放松注意力。

3 将注意力集中于你的身体与周围事物接触的部位，比如你的大腿与膝盖后方触碰到椅子的部位，或者与地面相接触的双脚。用几秒钟的时间，在你的脑海里探索这些感觉——不要长时间细想，只需蜻蜓点水般与之打个照面即可。

4 现在，将注意力转向其中一只脚。从脚趾开始，再到脚底，然后到脚后跟和脚面，每个部位只需在意识里简短地略过。

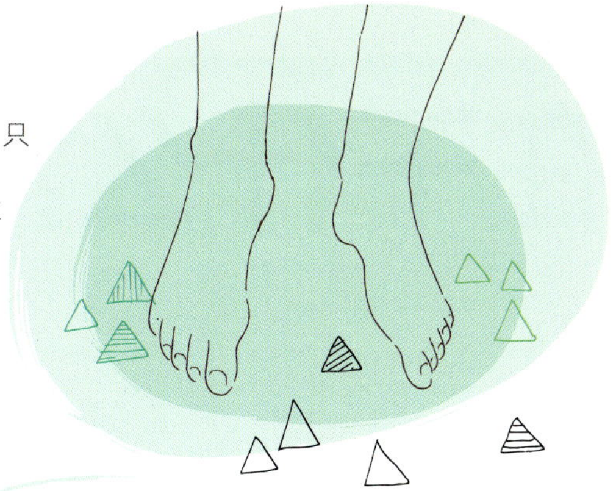

关于训练提示

练习：提示益处：这是一项核心正念训练，是基础呼吸冥想的后续训练。是一个可以随时拿来用的训练方式。它包括呼吸，但除此之外还涉及意识。

练习频率：定期训练的第2、3周，每日一次做此训练。

练习时长：做本项训练至少10分钟，如果可以，适当延长——15~20分钟为最佳。

将注意力从一根手指移动到下一根手指，从一根脚趾移动到下一根脚趾，以此类推。

5 现在，以同样的步骤，将注意力从一条腿移动到另一条腿，然后再从盆骨和臀部移到肩膀，直至走遍你整个躯干部位。

6 现在探索你双手双臂的感觉，从指尖开始，向上移动，依次通过每条手臂直至肩膀。然后，以同样的方式，专注于你的颈部与头部。用一两分钟的时间，让全身的意识放松下来，只需呼吸，只需静享。

7 专注于你的呼吸。集中精神体会每一次吸气呼气时腹部或鼻子的感觉。如果你愿意，可将一只手放在腹部，感受每一次起伏。练习呼吸冥想约5分钟后，睁开双眼，重新接纳周围的事物。

你的大脑在干什么？

冥想的科学

你冥想的越多，大脑的改变就越多——而且是变得更好！科学家们不时地告知我们这个过程是如何奏效的。在你的正念冥想计划初期，学习一些迄今为止的重大相关发现可以带给你满满的正能量。

2000年前人们就已经了解冥想可以带来巨大的精神财富，但直到最近几十年，现代科技才使得它在神经机制方面的潜力得以见天日。研究人员使用技术测量了大脑脉冲信号的频率，以及令控制大脑活动区域可视化的信号，以此来探究正念训练的作用。一个关键性的发现就是，我们的大脑在冥想时处理信息的活跃度比平常要低。除了这些短期变化，冥想还巧妙地重建了我们的大脑，削弱了一些神经联系，又强化了其他神

冥想分布图

冥想训练给我们的大脑带来了变化，科学家们已经定位了几个与这些变化相关的大脑区域或脑部结构。下列图表展示了所涉及的大脑区域，并描述了它们的功能。

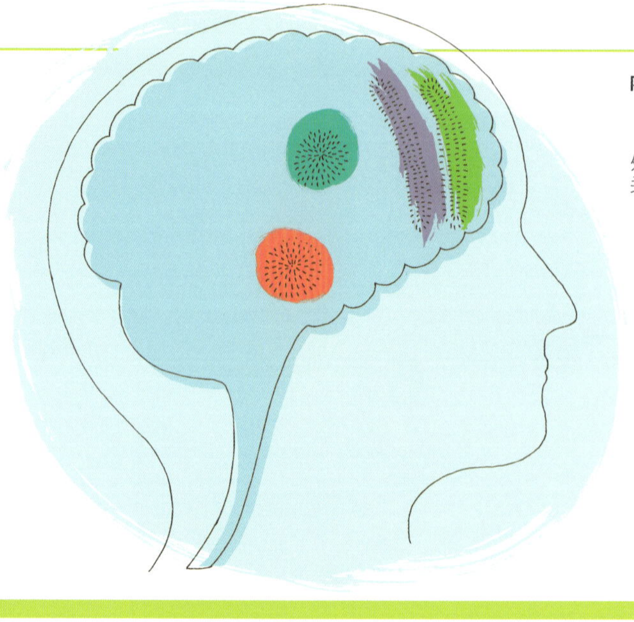

经联系，影响了与自我感知、同理心和压力相关的大脑区域。科学从冥想的直接经验中证实了一些众所周知的事——那就是，冥想者更容易客观地看待事物，更为冷静地应对感知到的威胁、危险及不适，通常行事不会被自己的原始冲动左右。这些改观影响的不只是你对自身感觉和情绪的反应，还有冥想训练之后我们看待其他人的方式——会带着更多的同情和理解。一些最重要的脑部变化会在下方的图表中更为简明地展现出来。

毅力

尽管这些改善可能是长期有效的，但在某种程度上，还有赖于坚持不懈的训练。除非让冥想成为你人生中规律的一部分，否则你的大脑很有可能会在不久之后就又退化成以前的样子（这是神经可塑性的一个例子——大脑的适应能力与它被要求执行的活动有关）。通过持续不断的冥想，可以巩固你的新神经通路——你的大脑会让你在正念中的获益终生受用。

冥想的作用

练习正念可以改变大脑处理恐惧等感觉的方式。各个大脑区域及其功能将在下列图表中对比展现。

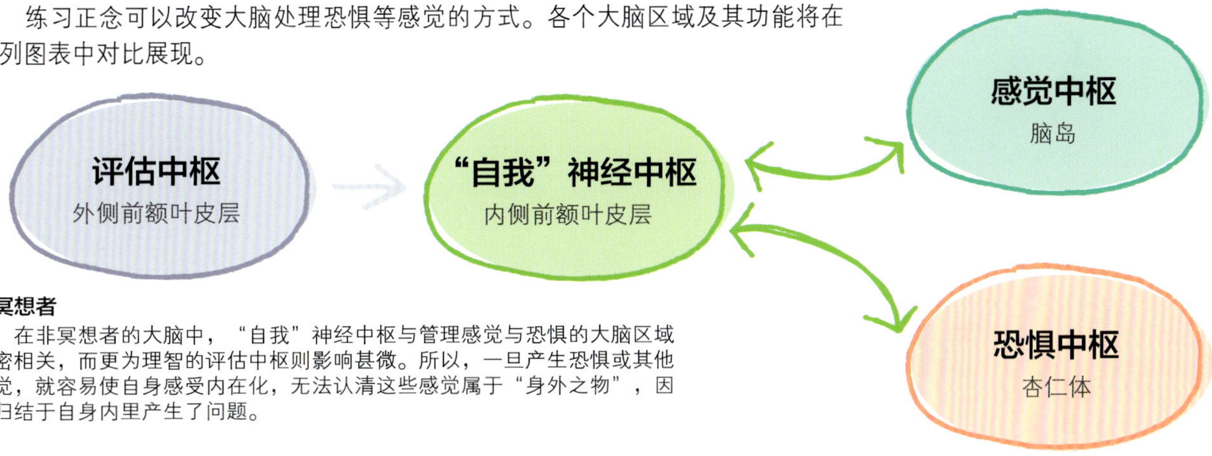

非冥想者

在非冥想者的大脑中，“自我”神经中枢与管理感觉与恐惧的大脑区域紧密相关，而更为理智的评估中枢则影响甚微。所以，一旦产生恐惧或其他感觉，就容易使自身感受内在化，无法认清这些感觉属于“身外之物”，因而归结于自身内里产生了问题。

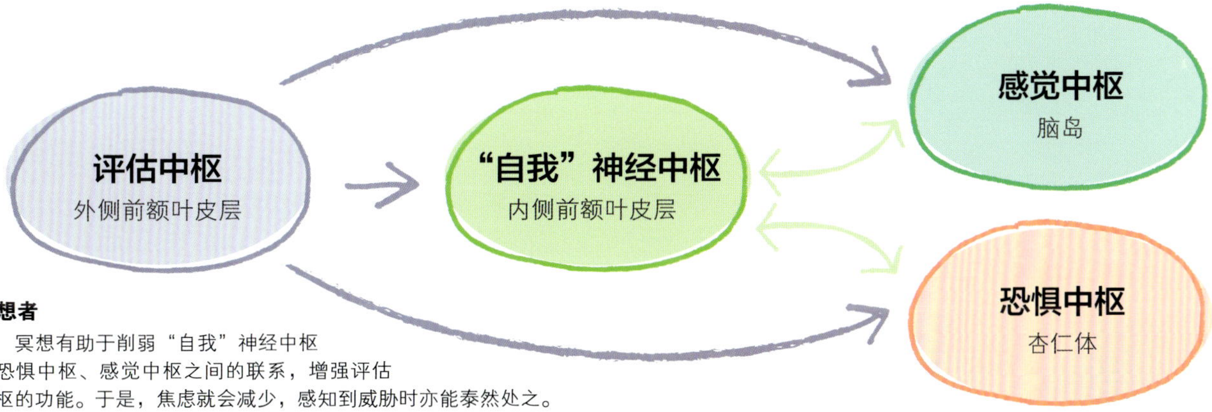

冥想者

冥想有助于削弱“自我”神经中枢与恐惧中枢、感觉中枢之间的联系，增强评估中枢的功能。于是，焦虑就会减少，感知到威胁时亦能泰然处之。

意识中秉正念之法，
用好奇心善意看待情绪，
有助于挣脱苦难现实与竭
力挣扎的循环。

树叶你好，硬币你好

对物冥想

专注于一物，静坐冥想，可使人自守于当下，体味人生之多彩。本方法可于身体-呼吸练习之余，以为补益，亦可用以调节。

以己身为正念冥思的对象并非思路狭窄之举。此种练习虽然是“以自身为中心”，却取的是其不褒不贬、无价值判断之定义。众人的生命均是以自己为中心，我们的思想和感知，为自己和他人生活所能做出的贡献，皆源于此。

聚精会神内察己身也非浮躁浅薄之举，因为我们的感官乃是一面镜子，反映出生命的进程，是一帆风顺，抑或是突遇波折。以肌肉紧张为例，或许此种情况与自尊、生活方式，乃至人际关系有关。人体一切感官均值得我们专注体味。

然而，正念练习还有一种方式，即以无价值判断之方式观察身外之物，可以是任意一物，破烂的也好，美丽的也好，天然的也罢，人工的也罢。我们并非要欣赏其美丽外表，或品味其历史价值，只需中正平和地感知即可。冥思之中，我们可调动全部感官，依次体味，从各个维度细细探究该物。如果是一颗果实，我们大可将它吃掉，作为探究的最后一步，这样我们又能感知它的另一番光景了。

乔恩·卡巴-金在教授正念减压项目时，曾在课堂上以一颗葡萄干为例讲解对物冥想。葡萄干再寻常不过，很少有人会注意到它，而乔恩用小东西说明了一个大道理，即冥想并非高高在上、脱离尘世，而是与人间息息相关。

意识延展

无论你选择何种物体作为对物冥思的对象，都要系统地探究其特点，如颜色、形状、气味，以及纹理质地，此时你的意识将逐渐扩展至周围的世界。对物冥想将改变我们与世界现有的关系，我们不再将一切视为理所当然。以正念之法对物冥想，将使我们重新认识万物。

聚精会神于常见之物，深加体味。一杯清茗亦足以入定。

感官世界

对物冥想的做法由来已久，东方人惯常对着烛焰冥想。不过，既然正念冥想要求调动所有感官，选择可以手持甚至可以品尝的物品会有更丰富的体验。比如对着樱桃或其他小巧的水果，全心专注地用各个感官感知，你将惊诧于自己的发现。

继续

感知树叶

冥想练习并非要进行美学评价，而是敞开身心，尽情感知事物之特点。然而也并非排斥其中对美的欣赏。相反，对身外的世界保持清醒的认识将会使我们更敏锐地感知美。

用于冥想的物体

很多自然界事物都是不错的冥想对象，尝试小石头、水晶、鹅卵石、贝壳、橡果、松果、栗子、小树枝、羽毛、麦尖、花朵、水果或蔬菜。

1 在自家花园或附近公园捡起一片落叶，放在手心，感觉它与皮肤的接触。或许这片落叶不是完全接触到你的手掌?

2 然后用拇指和食指拈住树叶，感知它的温度：是温是凉？整片树叶的温度是否均衡？拿着树叶，它的温度是否有所变化?

3 现在集中于树叶的质地。是光滑还是粗糙？是否有刮痕？树叶的边缘与其中心相比有何不同？坚硬还是柔软？叶茎摸起来感觉如何?

如在户外，感知树叶在微风中的摇曳。

4 盯着树叶的轮廓，观察其形状与大小。转动手掌，从不同的角度观察，注意其形状的变化。

练习提示：

练习功效：备用正念练习。亦可用作正念入定入门练习。可消解对常见物品的先入之见。以己身之感官感知外物。

练习频率：可加入常规练习，亦可做备用练习。

练习时长：对物冥思15分钟左右

5 观察树叶的正面，其颜色或形状是否一致？仔细观察细节，是否有叶脊、叶脉，叶面是何种图案？就这样全面观察树叶的正面，以及叶茎。然后将树叶翻转，以同样的方式观察背面。颜色是深一点还是浅一点？背面与正面有何不同？

6 将树叶放在鼻子下面，看看是否能嗅到气味。如果有的话，细细品味，不必思考是何种味道，也不必与他物相比。树叶各个部分气味是否相同？

认真感觉树叶的气味。

感知硬币

人造之物，如硬币，往往年久日深，拿着手里常常不由自主推想其历史。但正念冥想之时，应忘记这一切。将注意力仅集中于该物体本身，如其颜色、形状、质地、触感甚至气味。

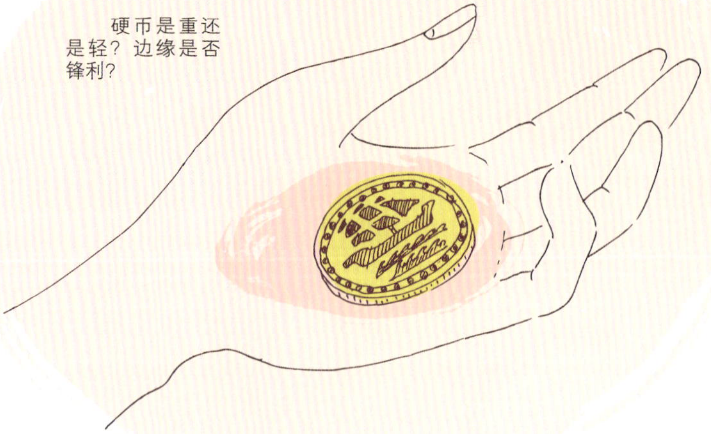

用于冥想的物体

此种训练以任意人造之物为对象。物品以小为宜，观察时则不必移动。小细节不必费力即可观察清楚的物品为佳，如纽扣、钥匙、邮票、珠宝。

1 取出一枚硬币，价值不必昂贵，也不必有何特殊意义。从口袋里或钱包里随意拿出一枚，放在手心，感知它与皮肤的接触。不必浮想联翩，观察即可，切不可预先为你的所见所感贴上标签。

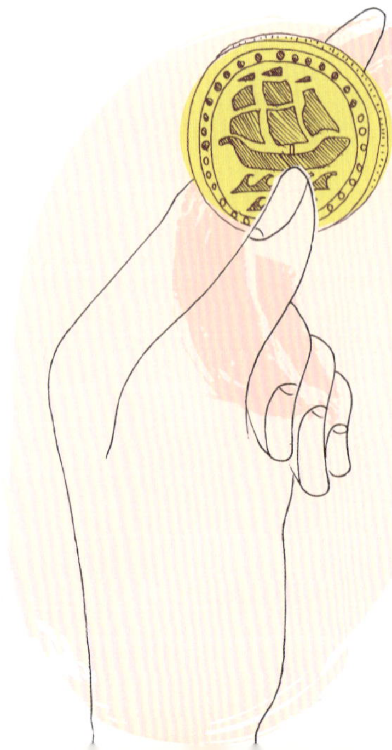

2 用拇指和食指捏着硬币，感知它的温度：是温是凉？拿在手里，它的温度是否有所变化？

3 现在将注意力转到硬币的质地。其表面是光滑还是刻有浮雕？其边缘是否鲜明？是否有齿边？如果有，摸一摸是粗糙还是光滑？

练习提示：

练习功效：备用正念练习。亦可用作正念入定入门练习。可消解对常见物品的先入之见。以己身之感官感知外物。

练习频率：可加入常规练习，亦可做备用练习。

练习时长：对物冥思15分钟左右。

4 仔细观察硬币的形状与大小。将硬币在手心里翻转，从不同的角度观察其外形。注意其金属的颜色。币面光泽还是暗淡？颜色是否均匀？币面与边缘是否有磨损？

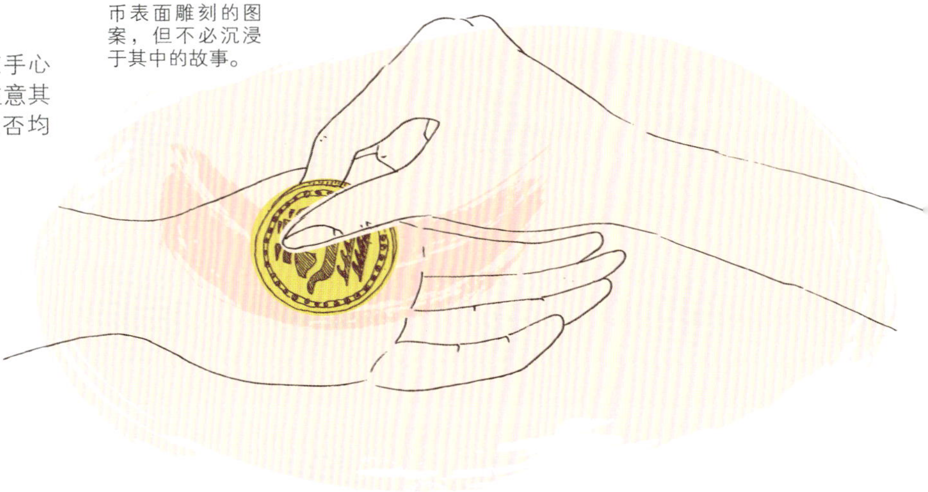

仔细观察硬币表面雕刻的图案，但不必沉浸于其中的故事。

5 观察有头像的一面（如果有的话）。头像人物是青年、老年或是中年？不必去辨认头像是谁，即便你认识也不要太在意。让念头一闪而过，还是继续观察。

转动硬币，观察光线在其表面的折射。

6 翻转硬币，用同样的方法观察其背面。看看描绘了什么，是如何描绘的？把你看到的记录下来即可，不必写下你发现的象征性的东西。

闭上眼睛，感知一下硬币的气味。

7 现在将硬币放在鼻孔下，闻一闻是否有气味？如果有的话，体会一下即可，不必弄清到底是什么味道，也不必揣测气味由何而来。

全身扫描基本练习

身体的自我认识

此种训练益处颇多，是正念练习的主要方式之一。以最强的自我意识施于己身，逐段感知，留意身体的感觉与情感，最后将达到身体与思想的和谐统一。

调整到舒服的姿势

全身扫描可采用站姿或坐姿，不过绝大多数人会仰卧在床上、地毯或垫子上。保持一个姿势躺上至少30分钟绝非易事。如果觉得冷，可以盖上一床薄毯，然后缓慢而专注地将姿势调整到最舒服为止。

保持清醒

全身扫描虽不是放松性练习，但也有可能中途睡着。即便真的睡着，也不必多想。如果头脑昏沉，可在头下放一垫枕，或者睁开双眼，抑或索性采用坐姿。

将枕头或折叠的毛巾放在头下，以舒适且不至昏昏欲睡为宜。

屈起膝盖，或在腿弯垫上枕头，会比较舒适。

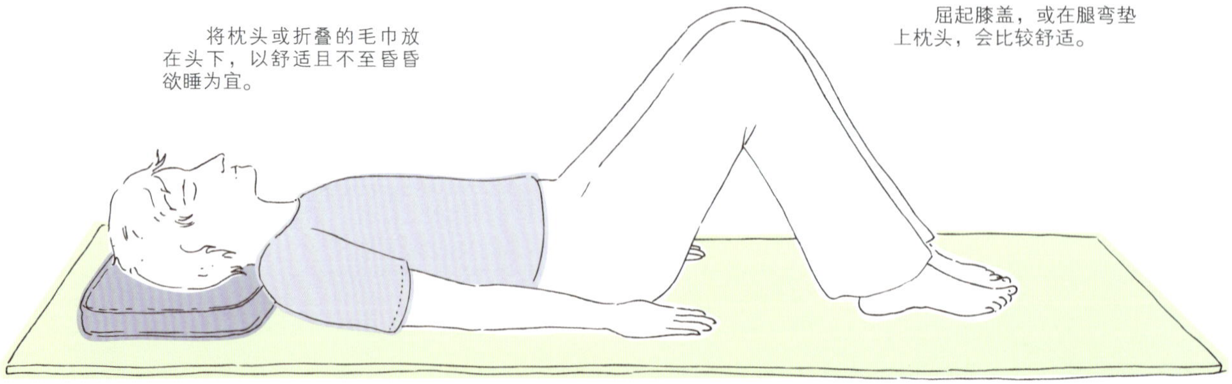

进行全身扫描正念练习时，需将注意力放在自身，一个部位接一个部位地进行感知，如同在山洞里用手电筒四下探照。

一心不可二用，因此我们很难一次将全身都纳入思绪，只能依次进行。我们将注意力集中，感知躯干各个部位，感知脉搏、肌肉伸张、身体重量、新陈代谢、包括何处有僵硬之感，同时还可感知体内蕴含的情感。对感知的一切，不必加以判断，亦不必报以回应，这样你就会发现感知到的东西会慢慢衰减。

坚持练习有助于培养注意力的持久。与此同时，你将学会自怜自惜，因为你加之自身的是友善关爱之情，好奇求知之意。

核心训练

全身扫描是正念练习众多方法之中最为重要的练习（见90～91页），常与身体-呼吸练习结合使用。本练习每天应进行两次，每周可休息一次，辅以较轻松的练习，如对物冥想练习。如果工作繁忙或精力不济，无法集中注意力进行全身扫描，也不必逼迫自己，推迟一天无妨。

全身扫描益处颇多，因此疲惫不堪或灰心丧气时不妨一试。如能振作精神，进行练习，一定能心旷神怡。

意随气动，内视己身

意念从头到脚依次走过，配合呼吸，吸气时则意到，呼气时则意离。同时，想象意念所到之处变得平和宁静。这并非要你使用解剖学的原理，而是勾勒出扫描的路线图，使之和谐统一。

闭上眼睛将更容易地专注于自身，如果昏昏欲睡则睁开眼睛，但眼神应放空。

如果身体某个部位开始不适，则将注意力加于该部位，而不是置之度外。

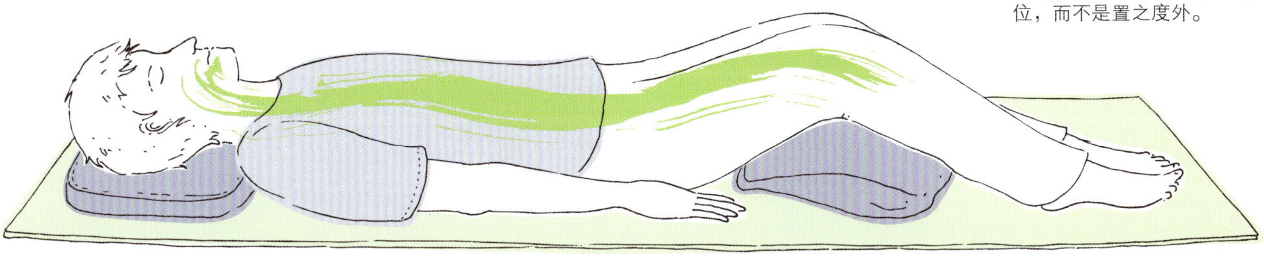

继续

全身扫描冥想

全身扫描训练需要较多的时间，每次不少于30分钟，最好能达到45分钟。与其他正念练习一样，进行时将注意力保持在当下，不做任何判断。

不要停滞

如果身体的某个部位无法感知，这也是极为正常的。遇到此种情况，只需在呼吸时将意识停留在该部位片刻，体味感知的缺失，不要停滞，继续导引意识前行。

1 保持仰卧，双腿略微分开。为保持舒适，可屈起膝盖。闭上双眼，如感觉不适亦可睁开。感知身体的重量，并关注身体与地毯或垫子接触的部位。

用2到3分钟时间细细体味呼吸时小腹起伏的节奏。

2 准备完毕后，首先将意识导向左脚脚趾。留意各种感知，如脚趾之间的接触，脚趾温凉与否，或任何刺痛酸麻之感。然后逐渐转移到左脚的其他部分，从脚底到大脚趾根部，再到脚后跟，脚面，脚的两侧，最后到达脚踝。

3 现在将注意力依次转到左腿胫骨、小腿、膝盖和大腿，全神贯注于各个部位，保持1分半钟左右，然后移到下一部位。注意小腿和大腿的两侧都要照顾到。

4 准备稳妥后，将意识由左腿转移到右腿。同样从脚趾开始，遵循脚底—大脚趾根部—脚后跟—脚面—脚的两侧—脚踝的顺序。继而将意识导引到胫骨—小腿—膝盖—大腿这一路线。

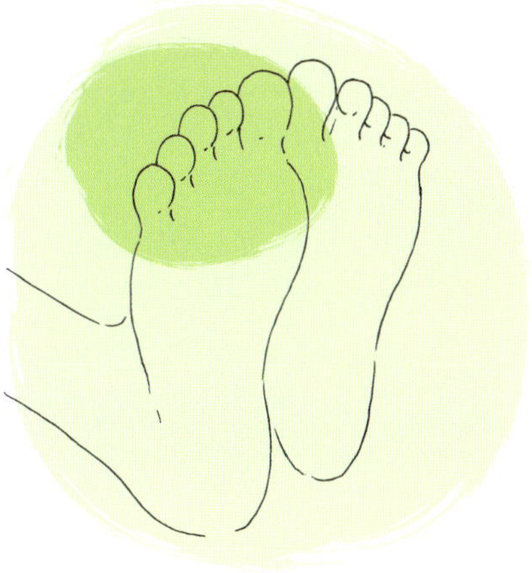

练习提示：

练习功效： 正念核心练习，身体呼吸练习的进阶练习。可使意与身合，常练不辍益处颇多。

练习频率： 每日两次，至少坚持一周，亦可增加时长，每天只做一次。每周可休息一天，代以对物冥想练习。

练习时长： 每次至少30分钟，保证每个部位停留1分钟左右，45分钟更佳。

5 按照同样的方法将意识导引到骨盆区域，按照腹股沟—生殖器—臀部的顺序依次缓缓进行。完毕后，将意识导引到下半身的躯干、腹部与背部。注意呼吸时小腹的运动。

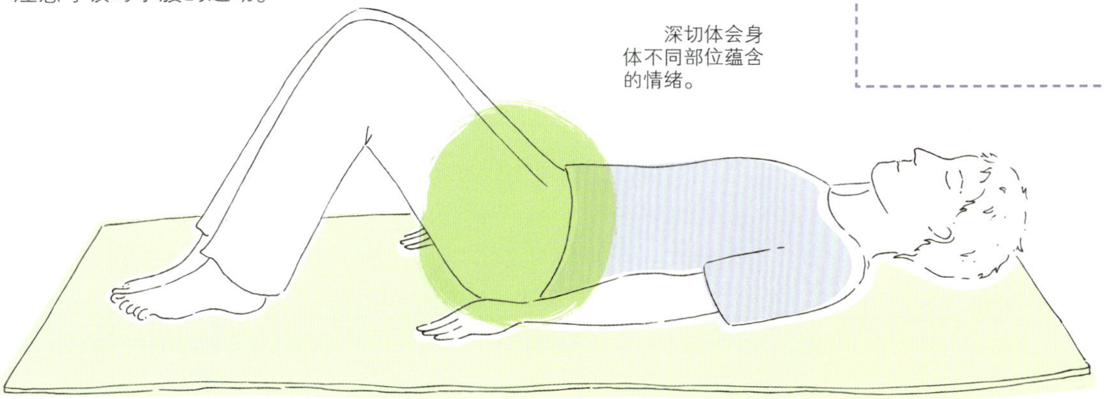

深切体会身体不同部位蕴含的情绪。

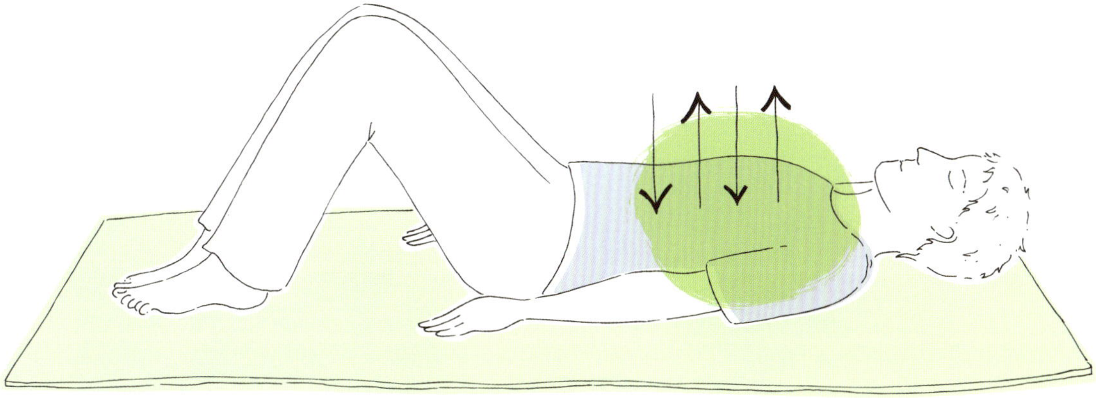

6 将注意力集中在胸部和背部，感知呼吸时胸腔起伏的节奏。可能的话，感受心脏的跳动。留意肺部的运动。

继续 ▶

9 注意你的眼睛和眼睑——这是感受的另一个重要来源。去感受眨眼的瞬间双眼是否有不同的感受。然后将你的注意力转移到你的鼻子，在呼吸之间用心去感受。

感知肩膀与手臂肌肉的紧张，如有疼痛感，不必抗拒。

7 导引注意力到左臂，专注于五指，如同之前感知脚趾一般。然后依次转到手掌、手腕、手背和手的两侧。继续上行，沿着小臂—手肘—上臂—左肩的路线导引注意力。然后来到右边，采用同样的办法感知右手手指、手掌、手臂与右肩。

8 接下来，将注意力集中在颈部与喉部。半分钟后来到嘴巴，此处是人体主要感官之一。

感知双唇的触感，以及是否有黏连的感觉。感知嘴唇的湿润度。用舌尖顶住牙齿与上颚并细细体味。

感知颌部的肌肉状况。注意鼻子或耳朵的温度。

处理不适感

导引意念走遍全身之时，或许会有不适之感。如遇此类情况，需秉平和之心，好奇而任其自流。右图所示流程可看出，对不适感的正念之法如何改变我们躲避此类感觉的习惯。直面不适之感，平和友善地对待它们，就会发现这些感觉不过是昙花一现。

人皆有好恶之情，有期盼来临之事，也有极为抗拒之事。

身体扫描训练使我们学会接受一切情况，既来之则安之，从而更有包容性，并能由自身延续到对他人的包容。

注意前额或面部肌肉是否有紧张感。

10 将注意力导引到耳朵、脸颊、鬓角、前额、后脑勺、头顶，并感知头发与皮肤接触的部位。

11 按照上述办法逐步进行全身扫描后，用几分钟时间进行身体的整体感知，注意一呼一吸之间永恒的律动。然后慢慢地退出冥想。保持静止，心静如水，细细体味人之为人。

感谢自己抽出时间关照己身。

继续保持不加评判

与其他正念训练一样，如有逸思旁情，请轻轻放下，专注于身体体验。结束全身扫描后，将体会记在正念日志之中。

这是我们的苦楚——源自于不接受当下的现实情况。

→ 好恶之情往往是下意识的，且体现于身体感知之中。

→ 我们会躲避不适之感，渴望舒适感。这又反过来加重了我们的好恶，我们的苦楚。

→ 在全身扫描时，以平和友善的心态专注于身体感知，可以打破这一怪圈，摆脱在苦楚中的循环挣扎。

→ 我们逐渐熟悉身体的感知，并与其建立更富包容性、更加亲密的联系，了解其无常易逝的特点。

→ 以不偏不倚的平和心态感知不适之感，我们与之的关系也在发生变化，有时甚至能改变这种感觉自身。

感官！

调动所有感觉

感觉连接个体与环境，并过滤我们察觉的周围事物。视觉和听觉是我们最主要的两种感觉。应多运用这两种感觉与当下联系，但也应注意其他三种感觉的练习。

有目的地运用视觉、听觉、触觉、嗅觉、味觉，感知周围事物，可使我们与当下建立紧密、直接的联系。调动感觉时，我们的大脑无暇胡思乱想，情感泛滥，也没空追思过往，浮想未来。

重新平衡

通过对身体的全面感触，我们在正念之旅中已经对己身有了全新的认识。全身扫描主要涉及内部感觉（五感较少使用），只是在某些部位用到触觉与味觉。将感知扩展到身体之外，感知周围的事物，我们就有可能进入五维感觉之旅。请通过上述两种方法来训练感知，守在当下。调动你所有感官，体味日常生活。这是将你自己从无益的思绪中拉回现实的好办法。

嗅觉是记忆之门

我们的嗅觉器官将气味传送到大脑一处叫做边缘系统的地方，此处控制着我们的情绪、记忆和情感。因此，气味常常可以唤起我们的回忆，比如松木的味道会让你回想到童年时的一次野营。认知新事物时如果伴有某种强烈的香味，那么当你再次闻到这种气味的时候，你就会回想起所认识的事物。气味也可以唤起情感——这已经被运用于香水行业，根据此原理制造的香水有唤起欲望、增添活力或安心宁神等不同类型。

你可以将气味刺激转变成一次小型的正念冥想。如果一种特殊的气味对你有强烈的影响，就充分感知这种影响。想一想：这和过去的记忆或情感有无联系？在自我探索之旅中深化这次联想。

“食多味寡，
食少味足。”

——中国谚语

感官冥想

无论何时何地都可以进行感官冥想，整个冥想过程为10分钟，每个感官冥想2分钟。如果觉得站立着冥想更为方便，随意站立即可。

最好在新的环境里冥想，用感官去感知周围的事物。这种方法会丰富对世界的体验，因为仅仅专注于视觉与听觉会错过一些东西。而此时，你会发现另一个天地。

视觉

观察周围的事物。忽视它们的深度和距离，从二维而非三维的角度来观察它们。仔细观察它们的颜色、明暗、形状和其他细节。留意不同事物间的区别。

听觉

闭上双眼，倾听远处和近处的各种声音。在所有能听到的声音中捕捉其中的音高及其音量。既要倾听自身的声音也要聆听来自外界的声音。注意是否声音发生变化、如何消失。

触觉

集中注意力，用手触摸紧贴皮肤的衣服，然后再去触摸周围的物体。在伸手可及的范围内随便选择对象，触摸到容易让自己集中注意力的物体后再闭上双眼。

嗅觉

尽量选择有独特香味的东西，专注嗅辨。如果找不到的话，用花或食物等一些适合的物品代替。如仍无气味，那就想象遍布鼻中的嗅觉末梢，调养辨味之力。

味觉

首先感受口腔自身的味道。然后咬一口苹果或其他水果，品尝它特有的味道。现代正念修行之父乔恩·卡巴-金使用葡萄干练习味觉冥思。

目标感

找一个适合调动一个或多个感官的地方，比如喧嚣嘈杂的咖啡馆或者香味扑鼻的花园。找个位置坐下，静下心去品味丰富的感官盛宴。

"真正的探索之旅
……在于
找到新的视角。"

马塞尔·普鲁斯特（*1871–1922*）

情绪显露时

“内心过山车”

正念练习之时，各种情绪如草原上脱缰的野马纷至沓来。此时应专注于情绪自身，不要纠缠于其内容。这一做法对固守当下有着重要的指导意义。

沉重、乏力感、肌肉紧张等身体感知以及曲背弓腰等姿势，都能充分反映我们的思想状态。此类表征还会在我们感到缺乏活力、自尊受挫或是情绪消极时，产生强化负面自我形象的作用。换言之，我们的情绪陷入了一种循环——恶性反馈循环。关注各种感知有助于我们重新调动身体，达到身与意合，摆脱恶性循环并使情绪向令人满意的方向发展。

情绪观察

在正念冥想的过程中，我们还会发现情绪产生得十分直接——更像一种直接的心理感受而非生理感觉。这最常发生在我们进行全身扫描训练（见第120 ~ 125页）之时。全身扫描训练是一种长时间的冥想练习，通过它我们最有可能体会到自己内心最深处的感受。许多做全身扫描冥想训练的人都发现隐藏于潜意识中的情绪，这种情绪对于他们处事的态度和行为有显著影响。正念使我们以一种自我关爱、自我接纳的态度看待多种多样的情绪，我们可以直面闯入的情绪——带着好奇而非敌意。一旦我们适应了这种方法，就会为各种情绪打开心扉欢迎它们，并加以观察。这便将是自我发现之旅的开端。

化解负面模式

既有思想或行为模式，往往是建立在根深蒂固的情感反应机制之上的，要想改变绝非易事。采取坚定的行动对抗情感也非上上之策，事实上不仅难以使其削弱，而且往往适得其反。因为对抗意味着以清醒的意识直面相对。我们需要一种全新的，更加理智的思考方式。通过训练活在当下，勇于接纳所有的体验而不做任何评判，我们会变得更加沉稳，更加机

专注于情感

像注视一朵花一般注视某种情感。全神贯注，留意它的方方面面。想象一下，这种情感希望你看到它的本源。只要你感觉舒适，尽可能近地接近它。或许愈是靠近，情绪就愈是紧张。不要惊慌，这是正常的。如果情绪略有失控，就从头来过。把你的感想写入日志。

随着正念练习逐步深入，面对难控制的情感，你就会更加冷静，更加包容。

敏。当正念指导自我，自动操控模式（惯性思维和行为模式）将退居幕后。

接纳的奇妙之旅

固守当下，以包容之心直面情感的困境，只是持开放态度，并不意味屈从于其负面信息。情感不会大张旗鼓以负面因素影响我们，亦不会高歌狂呼以积极因素影响我们。在正念冥想练习中，保持开放心态，对积极情绪和消极情绪泰然处之即可。

设定自己的节奏

即便准备再不充分，全身扫描也并非要直面你的负面情绪。如果你觉得难以面对正在滋生的情绪，某一情绪滋生，难以面对，观察己身时亦不应逃避。不必勉强自己，心怀宽容，再度凝神。一旦遭遇痛楚，则以合适的节奏慢慢感知。不必匆忙。首要之事，在于知当下而守于心，以本心感知此时此刻的情感状态。

摆脱情绪过山车

坐在过山车上与远望过山车，是迥然不同的两种体验。当你正经历情绪过山车时，正念冥想能使身下之车变为远处之车。

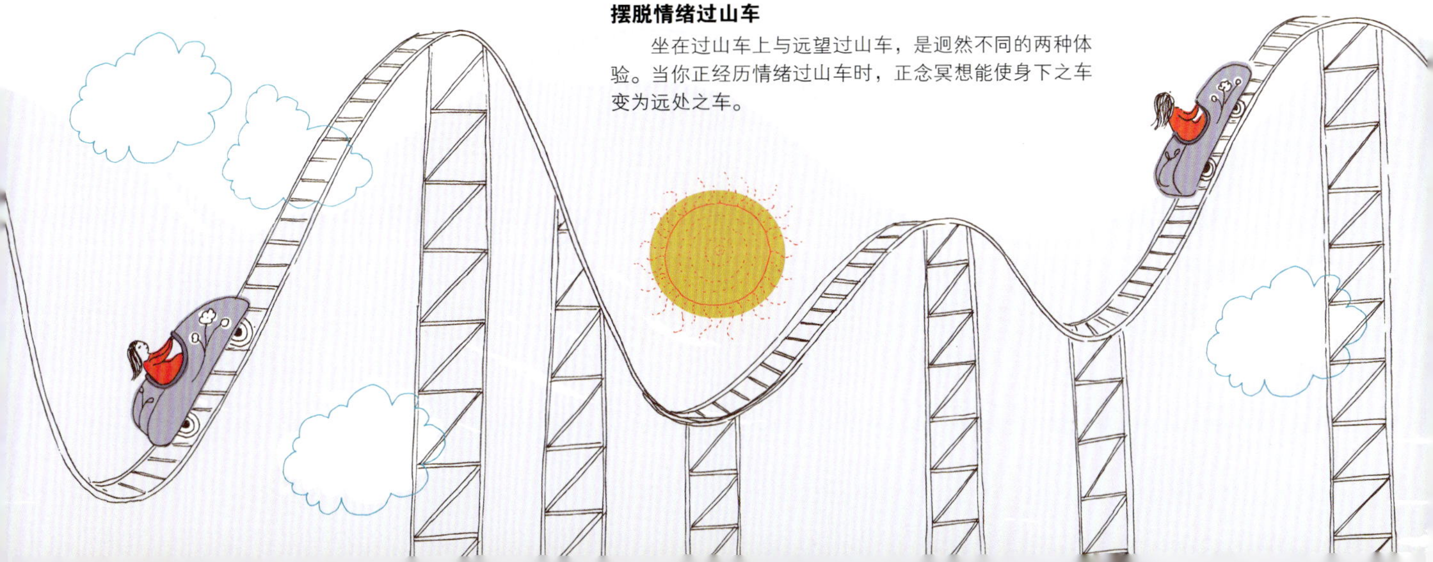

将冥想融入到步行中

步行冥想

关注运动时身体的感受，是“正念”法在感知上的进一步应用。步行冥想由来已久，与禅宗之法遥相呼应，是较为正式的练习。不过我们可以稍稍随意一些，将其用在日常生活之中。因为很多人都坚持步行，即便城市人群也是如此。

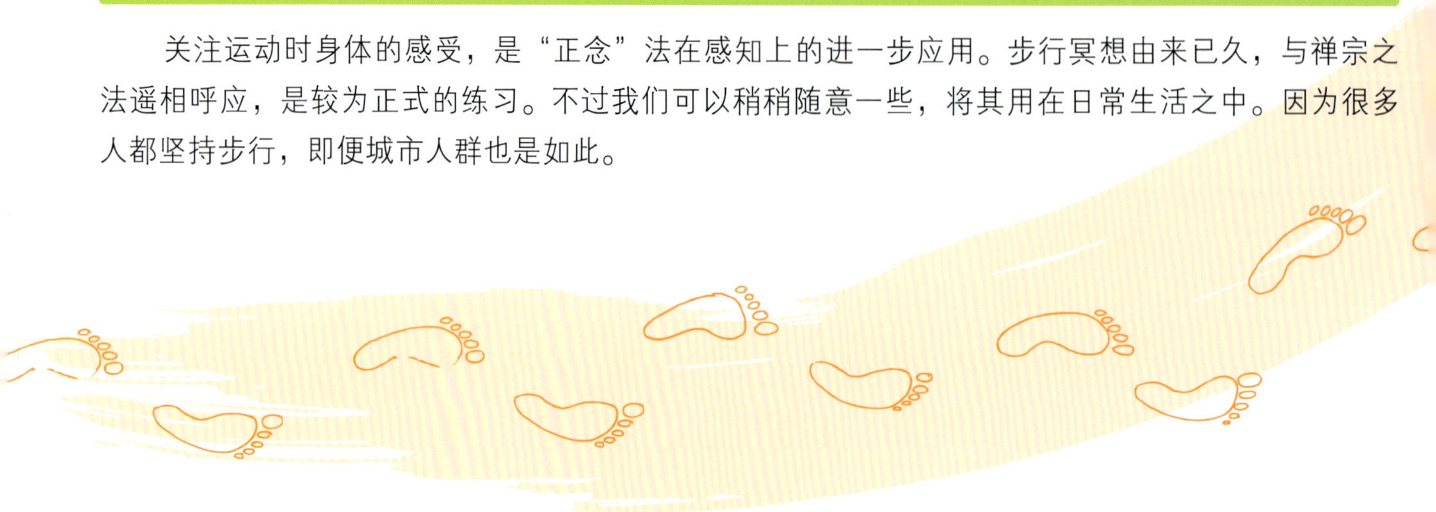

感知中前行

步行冥想没有特别的技巧，无需求快，步速均匀、节奏适中即可。注意力不集中时，留意脚部与地面的接触，以恢复到理想状态。下面会介绍一些小技巧，灵活运用会使步行冥想不再单调。把练习当成外出赏景，可以提高步行冥想的成效，也能更好地与外物相容，从而更加欣赏自己，感恩环境。

转移注意力

关注点可切换。首先专注身体感受，继而注重感知周围环境。可以遵循视觉—听觉—触觉—嗅觉的顺序。

感受不同天气情况下的步行

碰到喜欢的天气，你可以穿一身合适衣服步行。调动全身感官来感受它。尽情享受这样的乐趣吧！感受在雪地上走路时踩出的“嘎吱嘎吱”声；享受日光浴，看着阳光穿透黑压压的云层普照大地；观察彩虹颜色的渐变和交替；感受雨天雨滴落在脸上的感觉。

行在当下，留意自己身体的感受；不论走在何处，在路上不拘形式地冥想。

和呼吸不同，走路是人类后天习得的一项技能。由于我们生下来没多久就学会了走路，所以会觉得它更像是神经反射而不是一项技能。走路时，我们在大部分时间里都如同使用自动驾驶仪一般，英语中“驾驶”这个单词也有“步行”的含义，因此这一比喻就更贴切了。有人同行时可边走边聊，独行时可思考问题，排遣忧愁。的确不少人散步就是为了处理难题，理清思绪，找到办法。

有一种行走与以上都不相同，那就是步行冥想。走路不是为了思考问题，即便有心事也置之不理；行在当下，留意身体感受；在路途中不拘形式地冥想，无论是在去商店的路上，或是开会的途中。你可以专门抽出时间进行步行冥想，作为身体-呼吸冥想的正式部分，亦可继续这种不拘形式的步行冥想，使冥想的练习方式多样化。下面是一些建议。

一路欢歌

春和景明之际，百鸟争鸣，我们此时到乡间散步。根据鸟鸣声准确找到鸟的位置，走动时留意声音来源的变化。忽略重复的声音。

商场步行

进入一家百货商场，乘扶梯到达顶层，从不同角度观察琳琅满目的商品。注意观察购物的人群，并听听他们的言辞以及购物时的交谈。

全方位观察

参观一所独立的建筑，比如博物馆或者教堂。绕着该建筑物走一周，仔细观察其不同角度的风格特征，留心自己的看法是否有所改变。

继续

正念步行冥想

室内室外均可进行。室内空间不需很大，能绕圈走或来回走动即可，不过有可能要搬动家具，以防挡道。在地毯或相似地面上赤脚步行，感知会更加灵敏。

1 站直立稳，双臂下垂。感受到双脚与地面的接触，视己若参天古木，高大巍峨。缓慢调整身姿，找到最佳平衡点。

2 聚精会神于呼吸，如此1到2分钟。准备就绪后，将注意力转移至脚部。

练习提示

功效：将身体呼吸冥想扩展至全新天地——动态冥想。

频率：由个人喜好而定。若从中获益颇多，可每日练习。亦可在身体-呼吸冥想或是身体扫描冥想之间隙偶尔采取此法。

时长：建议10分钟左右，可根据个人喜好适当延长。

3 把重心移到一只脚上，另一只脚几乎不受力。慢慢下压重心脚，另一只腿保持膝盖放松，并向前探出，可晃动身体以保持平衡。非重心脚前脚掌与脚踝在地板上轻轻转动，并仔细感知。

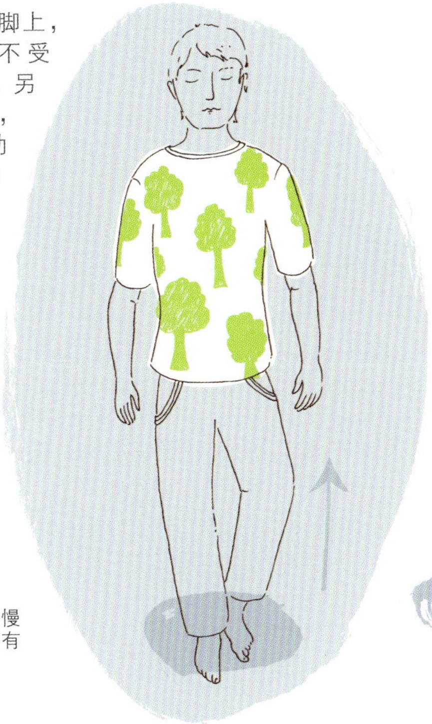

有目的性地慢慢移动，调动所有感官细细体味。

4 向前一步，换一只腿重复以上动作。留意在移动中腿、脚、上半身等部位的感觉，包括以及脚部的压力和接触地面时的感觉等等。

5 保持一种缓慢、从容的行走节奏。迈腿时要一直关注你的感觉，体会哪些感受反复出现，哪些发生了变化。视你所处空间范围，一直前行或是转弯。

如果走神，收敛心神，专注于脚与地面接触的感受。

拓展：

努力做到行与气合。向前迈步时呼气，换脚时吸气。以呼吸的节奏调整步伐。试着在走路时做全身扫描。走路时引导意识移动，从双脚开始，直至头顶（全身扫描，参见120–125页）

“欲行千里者

必慎于足下。”

欧里庇得斯（约公元前480年–约公元前406）

怜悯心传递

慈心正念法

此冥想由佛教修行而来。始于自我怜悯，即首先包容自身的怪癖和缺点，然后由己及人，并将正能量一波波地传递下去。传递温暖不仅快乐了自己，也幸福了他人。

如果我们注意到自己待人处事态度变得消极，如果我们压抑自己的感情、不再温暖待人，如果我们感觉到世界充满恶意或怨恨，那么是时候做出改变了。现实生活中，我们可能只对一些人表现冷淡，这些人可能是一个特定的群体，比如我们的老板、总经理或者甚至是整个人类。

若是陷入以上情绪困局，我们当然有能力讨好他们，只需设身处地，为他人着想。这是慈心正念法的一种方式，是佛教僧人修身养性，培养自己克己奉献思维的一种传统做法。慈心正念训练可以每周一次，或者我们与他人情感共鸣不足，需要“充电”时进行一次训练，让自己变得更加耐心、包容、大方、谅解和友好。

默念冥想

慈心正念法能让你感受到生活中的正能量，摒弃负面情绪定式，体验心灵疗愈的功效。同时，你也变得更富有同理心，即能够设身处地、感同身受。相对而言，怜悯心仅表露出关切，同理心则更进一步，指深究细察，原谅他人之失，接受其缺点。

慈心正念法不仅是知他人之过，更是让我们以他人之乐为乐，欣然于他人的优秀品质、福气喜事、成就荣誉。

慈心正念法是一种默念冥想，其意义作用可与内观冥想等量齐观。虽然不用作正式练习，但可使我们散发积极友善的意念，心怀家庭、社区、单位乃至天下。

> 自己多数痛苦均源自把快乐建立在别人的痛苦之上这一打算——殊不知，最终搬起石头砸自己的脚。

不断扩大的幸福圈

进行慈心正念法时，首先专注于己身，然后向外延伸，渐将你的善意按群组传递给他人（如下图所示）。当然，群组的构建每人不尽相同，以下只是示例。如果你对自己很难有慈爱之心（苛于律己），那就先专注于爱人、朋友开始冥想，然后再回到己身。

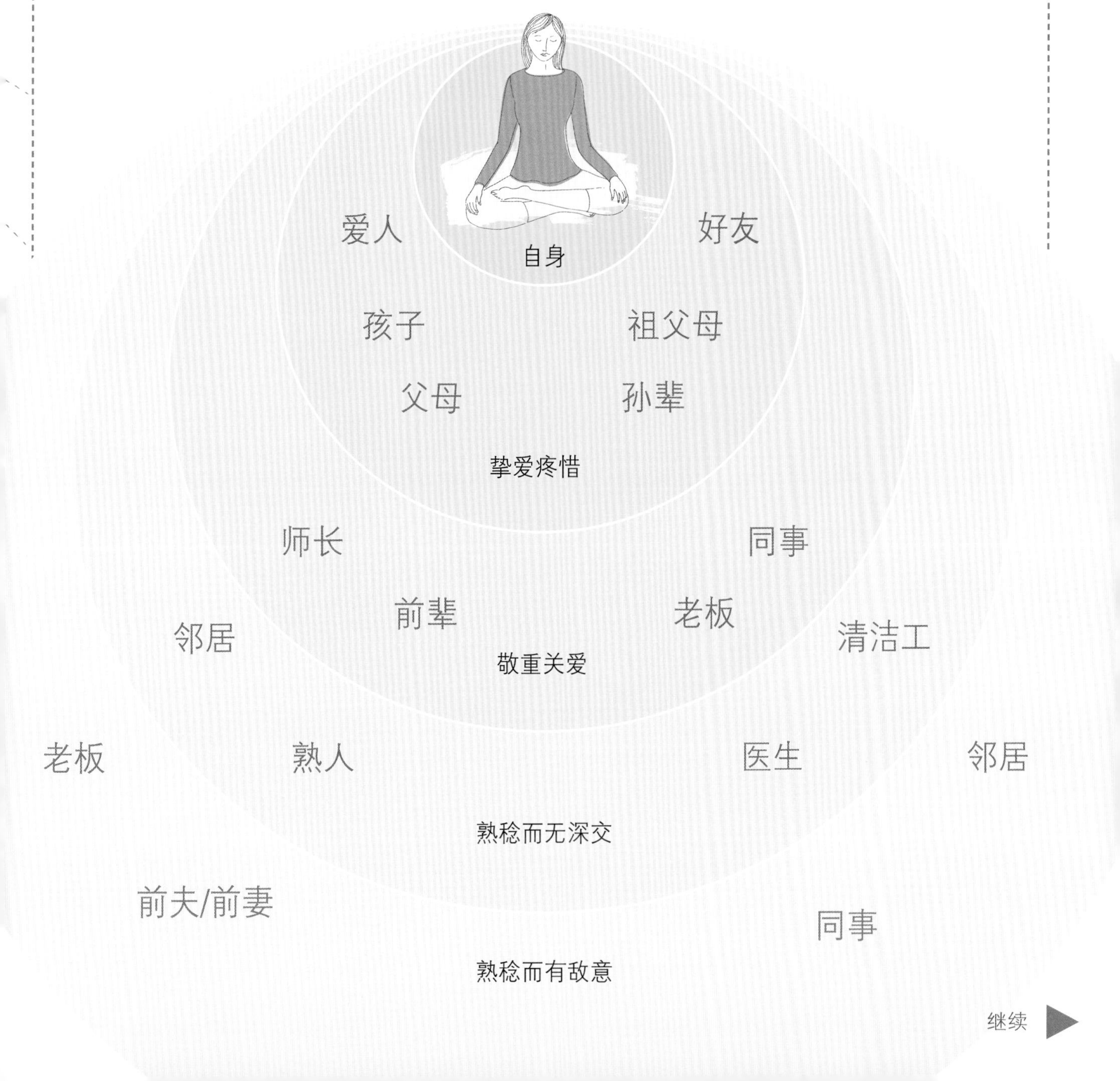

继续

慈心正念法

慈心修行无固定姿势，可随心选择其他练习时感觉尚可的姿势。修行时需要精神高度集中，因此在疲惫的状态下就很难潜心修习。

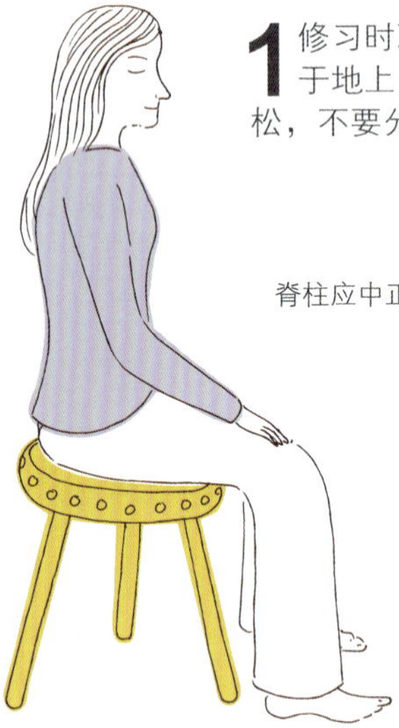

1 修习时取舒适坐姿，挺背直腰，脚平放于地上，不要叉腿。闭上眼睛，保持轻松，不要分心。

2 以慈心许愿，在心里默念："愿我修得慈悲之心。愿我永沐幸福，安康喜乐。"默念时应做到诚心正意。反复默诵，亦可多许心愿，直至心中有暖流出现。

练习提示

功效：鼓励人们敞开心扉，将心比心，有助于增强与人沟通的意识。

频率：每周一次。对别人心生厌烦或心事重重时亦修习此法。

持续时间：建议30分钟。

3 以慈心许愿，默念挚爱之人的名字，如：“亲爱的女儿，愿你生活在慈爱之中，愿你永沐幸福，安康喜乐。”许愿时仍要诚心正意。顺着心意，可以多为一个人许愿，也可以增加许愿内容。

4 以慈心许愿，默念你尊重喜爱之人的姓名，如生活中让你受益匪浅的人，或是帮你渡过危机的人。你可以随心许愿，不过最好是重复上一步所用的言辞。

5 以慈心许愿，为你熟稔而无深交者祈福。如果知道他们的名字，一定要默诵，但不拘于大名或小名，因为称呼并不重要。

6 为不喜或憎恶之人以慈心许愿。最初或许会有负面情绪，但若保持冥想，这些情绪会渐渐消退。

方位提示

慈心正念法可传温情于天下人。可按受法人所在方位，分东西南北四组。冥想时可任选一方位，亦可在间隙时聚焦于家乡之人。

学会聆听，

多言无益，徒塞人耳。

——北美土著居民谚语

正念式想象法

如何将自己想象为一座山

所谓想象力，即我们创造无法通过五感认知的意象的能力。这一意象可能是我们害怕未来将会发生的事情，此时通过想象力放大我们的焦虑；当然也可能是我们迫切希望发生的事情，此时我们心生妄想（如果此事永远不会发生），或者说是一种预想。我们也可以有意识地运用想象力，正如有意识地使用感官一样。

白日梦通常是无意识的，因为它不切实际、漫无目的、飘忽不定。如果不想让想象游离，可以专注于当下，如慈心正念练习时一般（见138～141页）。以下几页中设计的冥想练习，旨在通过想象体验而非感官体验，让你守住当下，安稳如山。

冥想法有助于发挥想象，不再像白日梦一般天马行空，而是有意识地守在当下。这种方式可以开拓我们的想象力，也能增强我们的感受力。

不动如山

山峦雄壮磅礴，任狂风暴雨自岿然不动。此种冥想能使我们内心安稳，不动如山。坚持此法，可知风雨如晦不改山之挺拔，阴晴圆缺也无损内心平和。冥想法日渐受欢迎的另一个原因，就是此法与静坐之人密切契合。人静坐时重心降低，头部恰似山峰，四肢犹如山坡。

开发想象力非常重要，因为想象力是产生同理心的重要基础，即设身处地、感同身受。同理心式思考，如拟山冥想，就是一种有意识地增强想象力的方法。

不动如山

风刀雪剑，大山岿然不动；阴晴圆缺，我自安之若素。

意象的力量

为明了意象的力量，我们仅需想象记忆，以某种方式重现事实，有需要时我们更容易回想起来。专注于想象中的事物是冥想的常见步骤之一。

显像的方式

冥想中显像的主要方式有：

- 聚神想象一个物体，如星星、落日。
- 聚神想象一个场景，如宁静的湖泊，这有助于平静心情，缓解焦虑。
- 将自己想象成别的事物，如山峦、小鸟，通过此类暗喻帮助了解内在。
- 假想向往之事。许多人使用这种创造力显像的方法，为自己鼓劲加油。

“想象力比知识更重要，因为知识是有限的，而想象力却包含了宇宙。”

——阿尔伯特·爱因斯坦（*1879–1955*）

继续 ▶

山之冥想

想象自己是一座大山,并随意点缀。切记，将己身与大山融合比具体布景更重要。把自己想象成大山之后，将其显像出来，不必纤毫毕现，此时将有连绵不绝的山脉在你眼前浮现。

1 舒服地坐在椅子上，腰背挺直，不靠椅背，双手自然放在大腿或膝盖上。双脚平放于地面，闭上双眼。

稳定坐姿，感知身体与椅子的接触。

2 凝神呼吸1～2分钟，想象出一片天地，后面想象的大山将会扎根于此。

3 想象眼前有一座山，越细致入微越好：山麓绿草如茵，山腰长着一圈针叶树，再往上是岩石峭壁、裂谷罅隙，山顶上冰雪覆盖。

将山拉近，想象其形状和山上的细微之物。

身与景合

放飞想象，天马行空，除大山之外还可以把自己想象成以下事物。

湖之冥想。把自己想象成一泓湖水。风云变幻只能在湖面泛起涟漪，湖底依然波澜不惊。

树之冥想。树叶在风中沙沙作响，但枝干依旧挺拔。把自己的烦心事想象成落叶，飘然落下，欣然归于大地。

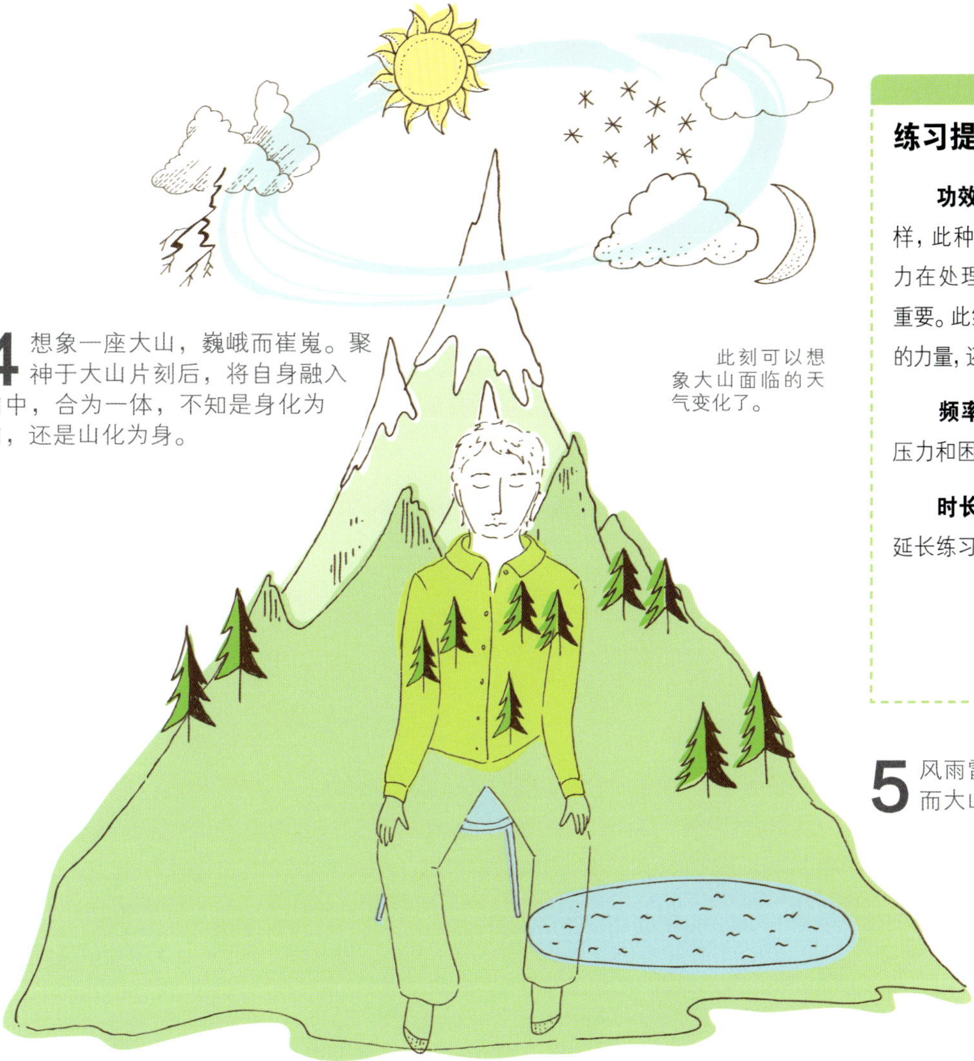

此刻可以想象大山面临的天气变化了。

4 想象一座大山，巍峨而崔嵬。聚神于大山片刻后，将自身融入山中，合为一体，不知是身化为山，还是山化为身。

练习提示

功效：如慈心正念（138~141页）一样，此种练习亦能锻炼想象力，而想象力在处理关系和增进创造力方面都很重要。此练习有助于平稳情绪，汲取内心的力量，还有助于初学者进入静坐状态。

频率：偶尔练习，以为补充。遇到压力和困难时，亦可用此法。

时长：20分钟左右最佳，亦可适当延长练习时间 。

5 风雨雷电、严霜寒冰相继而来，而大山默然不语、岿然不动。

6 将自身的难题与不良情绪视为山中风云变幻。以超然平和的心态看风风雨雨、潮起潮落，保持内心安宁。一切就绪后，携大山之力重返尘世。

当下的习惯

培养自觉正念的习惯

生活中大小事情，均能以正念之法为之。冥想时，留意探索活在当下之真谛，由晨到昏，以正念之法渗入生活的各个方面。

“练习”一词与正念联系在一起时，往往指的是冥想。通过正念培养的当下意识也能够且应该在生活中进行练习。在进行正式冥想练习时，也可尝试有目的地聚神于某种特定的行为，如耙拢落叶，步行去汽车站甚至跑马拉松。与伴侣或孩子聊天时可使用正念之法。亦可培养某种需要专注力的兴趣爱好，因为许多消遣方式都适用于正念练习，如演奏或欣赏音乐、赏鸟、画画或摄影。

正念之法可使平凡俗事趣味盎然。但问题是，将正念之法用于日常生活，可行性有多大？每时每刻，一言一行、一举一动均能以正念之法处之，到底是否真实可行，或者仅是梦想而已？

现实检验

简而答之，未必不可行。这一答案与之前的“有目的性”相呼应。我们一生之中追求的东西不少，专注于自身经历只是其中之一。我们往往沉迷于过去，或汲汲于未来，唯独不安于现在。例如，我们也许会怀念久别之好友，追忆欢聚时光，或回想与同事之对话，以决定如何与其相处。运用正念之法，并不妨碍我们说出“今

自觉正念

开启自动操控模式，将正念设为默认设置，注意力会更为专注，观察力更加敏锐，头脑更加清醒。通过正式或日常正念练习，我们会逐渐养成正念的态度。不过，以下提到的几种方法，也可以是正念的引子。

每日可频繁使用**正念式呼吸法**，用以放松调节，如排队或等人之时；亦可在工作间隙时练习，如开会之前。

每小时至少坚持一次**断然进入正念状态**，每次1到2分钟。看电视时，在节目间隙或插播广告时采用此法。

殊途同归

以下三种正念练习方法结合使用，将助你形成正确的正念观。

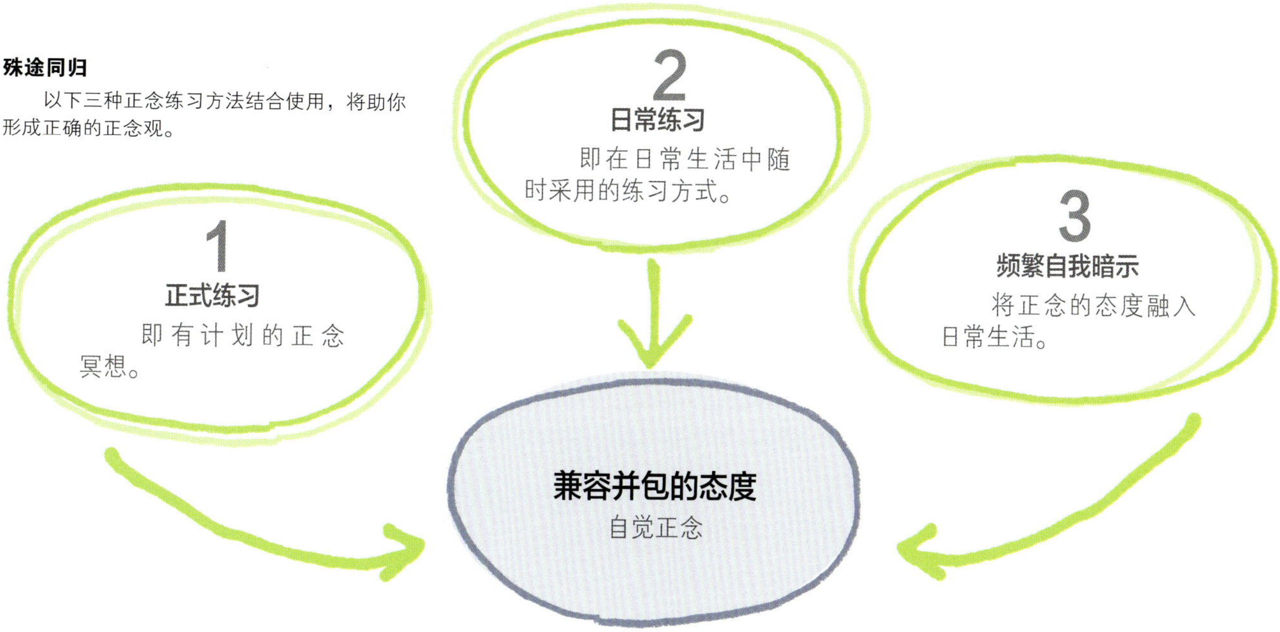

天我想你了”，也不是不能再使用“考虑再三”之类的词语。

态度的问题

如果我们进行正念系列练习，常规的冥想训练会越来越自然，我们也愿意将这些练习作为生活中不可或缺的一部分。从事这些练习的同时，我们亦可在适当的时候以正念之法专注于自身行为，如听音乐、做饭、打理花园等。除此之外，冥想会使我们打开心扉，同时也比以往更专注于手头的事情。不仅如此，人之做事与人之为人更密不可分。这就是正念的态度。

专注于疼痛或不适，专注于初步流露情感，以及对自己的消极看法。

在日志中记录下你的正念练习。写下你在冥想或日常正念练习中的体会。

冥想只是正念练习的开端。我们可将其应用到生活的各个方面。

瑜伽进行时

超越全身扫描

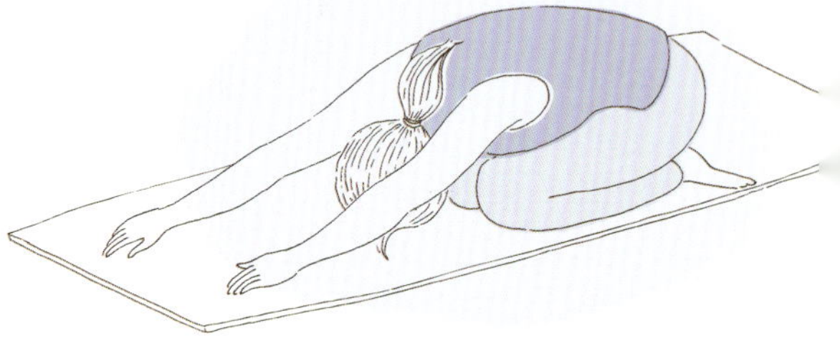

如果你曾经练过瑜伽，凝聚正念，就能集中自我意识，从而加深练习效果。如果你从未练过瑜伽，可将其视为全身扫描的进阶：学习几个简单动作，保持正念进行练习。

每个人都有自我意识与身心合一的整体意识，只是隐藏在内心深处而已。很多人开始正念练习，正是要唤醒它们。全身扫描是恢复身心联系，而非重建联系。进行全身扫描时（见120～125页），以悲悯心感知各个部位，但这并不是说身体是一座庙宇，而是我们的家园。我们发现，通过全身扫描，我们做到了身意合一。这种思想与瑜伽理念不谋而合："瑜伽"本意指通过驾轭，将牛马套在一起。

日月瑜伽

瑜伽这项古老运动起源于印度，已有5000多年历史。传统意义上把瑜伽视为净化心灵的跳板，同时协调身体，进入更深层次的冥想。通俗地讲，在现代社会，欧化的瑜伽教人放松自我，释放紧张情绪，锻炼松弛的肌肉，拉伸结实的肌肉，从而达到身心合一的健康状态。哈他瑜伽由代表"太阳"的"ha"和代表"月亮"的"tha"组成，是目前西方人最喜欢的瑜伽。哈他瑜伽以"日"、"月"为名，顾名思义，它结合了二者的力量，使人体内的刚柔能量得到充分释放。它采用传统姿势，锻炼全身，达到增强肌肉力量，提高身体柔软度，促进消化，调节激素水平和舒缓神经的效果。

练习时聚精会神，我们就能领会心底的情感和思想，全面了解自我。自我了解将引发深远转变，即身心合一的整体性与智慧得到复苏。很显然，整个转变过程的发生离不开正念冥想机制。

> 练瑜伽时保持正念能使我们更好地契入瑜伽运动，并将正念的态度投射到生活中去。

正念归一

源于印度教的瑜伽强调通过调整呼吸达到凝神静气，源于佛教的瑜伽则注重修炼者从自身经历中发现意识中的正念，不迎不拒，安心接受。两

正念瑜伽

近年来，以法兰克·裘德·博乔、辛迪·李为代表的瑜伽教练们力荐在哈他瑜伽练习中加入冥想。正念瑜伽不仅着眼于瑜伽垫上的练习，还将正念的习惯带入日常生活。本书中提到了各种扩展训练，目的就在于此。

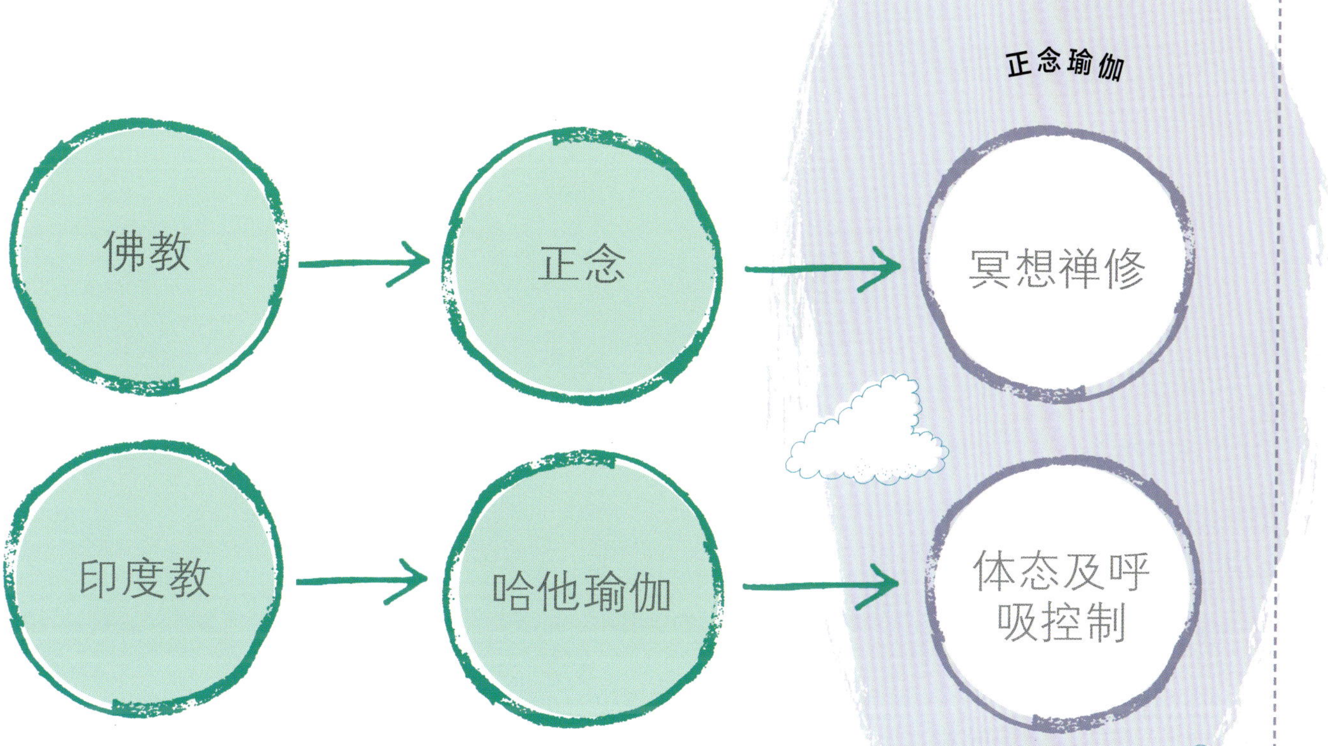

目的一致性

正念瑜伽整合了源于佛教和印度教两种练习。

者相合之处是冥想时的肢体动作。将冥想运用于简单的瑜伽动作，这是全身扫描的进阶（见120～125页），将产生新的感受。

有人批评瑜伽练习有时过于强调肢体动作，颇有些人以能做高难度瑜伽动作为傲。冥想与简单瑜伽姿势的视界融合使瑜伽回归到人的整体性探索，即身心合一。要达到这一目标，我们要踏上正念瑜伽之旅，而全身扫描正是漫漫长途的第一步。

继续 ▶

四种简单瑜伽姿势

尝试以下几种基本的瑜伽姿势两到三遍，让正念认知与身体感知融为一体。颈部、背部不适者、关节炎患者和孕妇慎用。请在瑜伽老师的指导下进行练习。

山式

练习此姿势时，稳稳站立，不动如山，提升精气神。

1 站姿笔挺，双臂自然下垂，目视前方，肩膀放松。

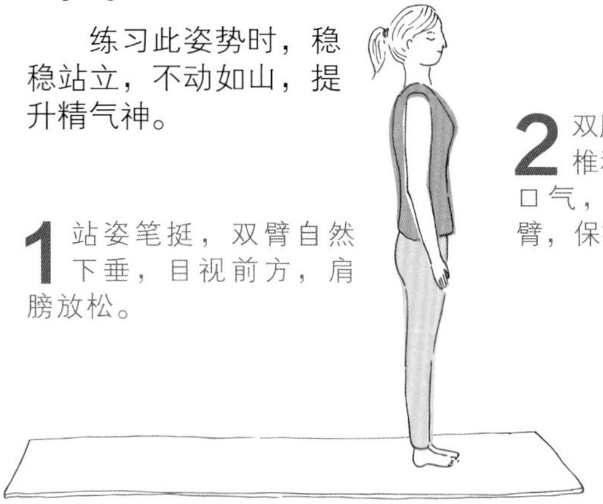

脚趾舒展，紧贴地面。

2 双腿不动，伸展脊椎和颈部。深吸一口气，抬起并伸出双臂，保持竖直。

正念运动

秉着正念的态度，任何伸展或运动都可以变成瑜伽动作，因为我们是“寓”“加”正念于运动之中。就连在店里伸长手去够到放在货架高处的一包食物，都可以成为瑜伽。一些基本的动作，如抬腿、伸腿、抬手、垂手、手臂高举过头等简单动作，都可以成为运动着的全身扫描，不妨一试。

椅式

此姿势有助于锻炼下半身以及背部拉伸。

收紧背胛骨，挺直背部。

1 双足开立，与胯同宽，足尖向前。深吸气，手臂高举过头，双臂伸直，平行相对，掌心向内或贴合。

2 呼气下蹲，如同坐在椅子上。下蹲深度以不产生不适感为宜。背部伸展，保持姿势深呼吸6到8次。回归站姿，然后再重复该姿势。

保持膝盖向前，不要叉开。

婴儿式瑜伽

此姿势模仿胎儿蜷缩在母腹中的状态，可以舒展大腿和臀部。

1 臀部坐在两脚跟之上。

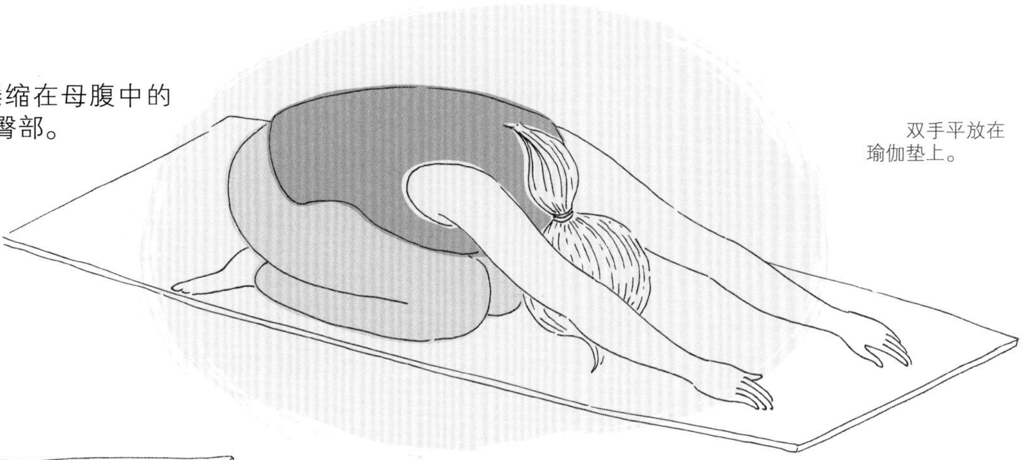

2 呼气，上半身向前伸展，尽量压低胸部，伸展双臂；前额尽量贴近瑜伽垫或地面。保持这个姿势约30秒后起身。

眼镜蛇式瑜伽

这个姿势可以舒展上半身和后背，并有利于锻炼手臂和肩膀。

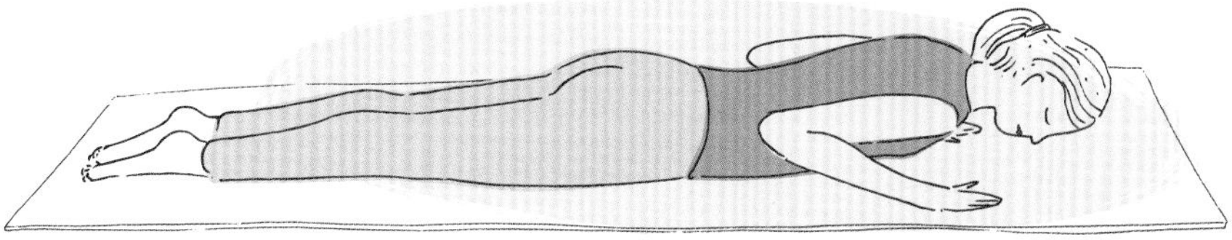

1 面向瑜伽垫，双腿与胯同宽，脚尖着地。曲肘，双手置于垫上，靠近肩膀。

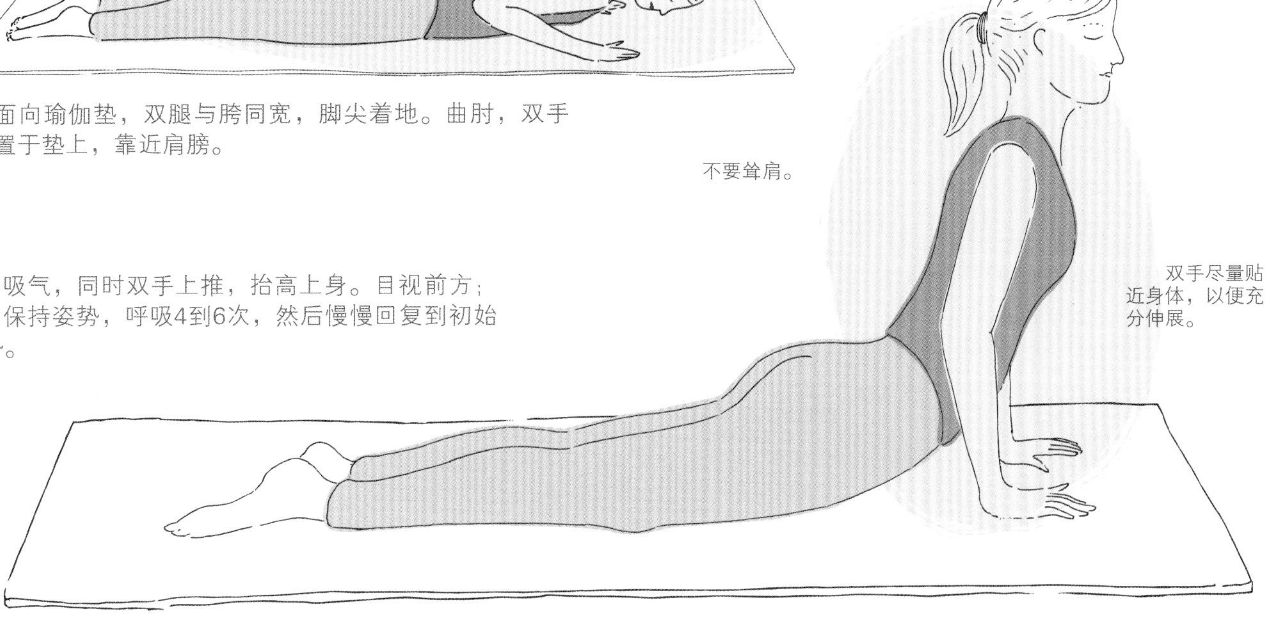

2 吸气，同时双手上推，抬高上身。目视前方；保持姿势，呼吸4到6次，然后慢慢回复到初始姿势。

正念生活小技巧

将正念运用到日常生活之中，你将更加沉稳自信，人际关系得到提升，生活幸福指数上升。

纠缠不清的故事

如何正视压力

压力将身体症状和思维焦虑混合在一起，能强力渗入生活的各个方面。正念助你挣脱那些产生压力的想法，使你能更加正视它们，撼动它们的根基。

压力毒害幸福，捣毁出路，阻断退路，是现代生活不折不扣的破坏者。压力造成生理症状，如心脏问题、消化不良，还带来压抑感，时间长了就会威胁健康。压力乘人之危——我们穷困潦倒或大病缠身之时——发动致命一击。我们与人发生矛盾冲突、生活遭遇重大变故，如失业、婚变或深陷困境不能自拔，这些情形都让压力滋长蔓延。无论我们是雇员、老板、丈夫、妻子或保姆，都可能对自己所扮演角色的表现存种种疑虑，压力便尾随而至。

诊断

压力是自我保护机制，是长期进化的结果，用于帮助我们处理可见的威胁：与威胁正面遭遇，或者从它面前逃掉——也被称作“战或逃反应”。压力情绪刺激荷尔蒙释放，包括肾上腺激素和皮质醇，进而产生物理变化，如心率加快，肌肉供血更充足，为我们开始行动做好准备。

同理，肠胃感到不适，正是因为部分血液被重新分配到更加需要供血的地方去了。

真假诱因

进化史早期，对压力的应激反应已进化形成。如今发达社会，生存威胁极少，应激反应依然存在。人际关系或职业生涯的挫折能刺激压力产生；内心想法能产生压力（见下框）；有时，压力不是源于生存威胁，而是自我受到挑战，激发战或逃的反应——比如有人对你的态度粗暴或轻蔑。

正念有助于准确把握上述情况，让我们明确压力来源的真实性。比如我们对某位同事发火，压力由愤怒而来。如果我们把正念引入到生活中，就能发现愤怒情绪的蔓延，从而可能敦促自己做自我查验。我们的情绪是针对某个人？还是源于过去发生的不

解结

内在压力时常可看作一个巨大而纠缠不清的结。进入当下，自我查验精神状态，我们能够清理那一团乱麻，分清其中每条线索。独立看待内在压力的每个诱因，则可以正念应对与结联系的每一条线索。

内在压力	正念响应
无力接受无法改变的事实	接受
对未来悲观	意识到可能性
自我形象消极	摆脱自我暗示
抱有不现实的期望	与角色脱离或摆脱对手带来的压力

有益压力和有害压力

在某些特定时间，一定程度的压力能有益于我们的生活。压力激励我们，使我们随时能够面对挑战。在这一过程中，压力还使我们能够发现自己的强大之处，塑造我们的韧性。不过“战或逃”反应反复触发或长期保持激励状态，没有回到应有的自我平衡中去（自我平衡，亦是身体稳态），就会产生对我们有害的压力，消磨锐气，削减视野，甚至在我们心中攻城略地。处理这种情形，最好的办法就是用正念。

快，迁就于某个人？只要确定情绪的真实面貌，分门别类，我们就不会再对自己的同事动怒了。

正念应对压力

通常，面对压力，我们的反应是反思、回忆和情感逻辑（有效或反之）。正念反应把注意力转移到应对压力的原始数据上来——心脏跳动或肌肉紧张，而不是急于如何解释压力来源和决定接下来的做法。专注于身体，促使警报时间尽快结束。这样一来，激发状态不会持续很久，再次受到刺激时，压力就不会累积于前一次受到刺激形成的压力之上。我们又回到原点，回到基本状态，为对付下一次事件做好充分准备。

压力回馈

诱因产生后果，后果反之强化诱因，形成反馈，产生循环。压力即是如此：开始，某个压力来源刺激产生压力的生理症状，进而产生焦虑，导致逃避或反射行为。不关注的话，这些反射行为使压力更大（见下图）。个人的压力症状，如疲劳和失眠，会随自身不良反馈循环而恶化。接下来几页将带你学习如何施加正念，破除这样的恶性循环。

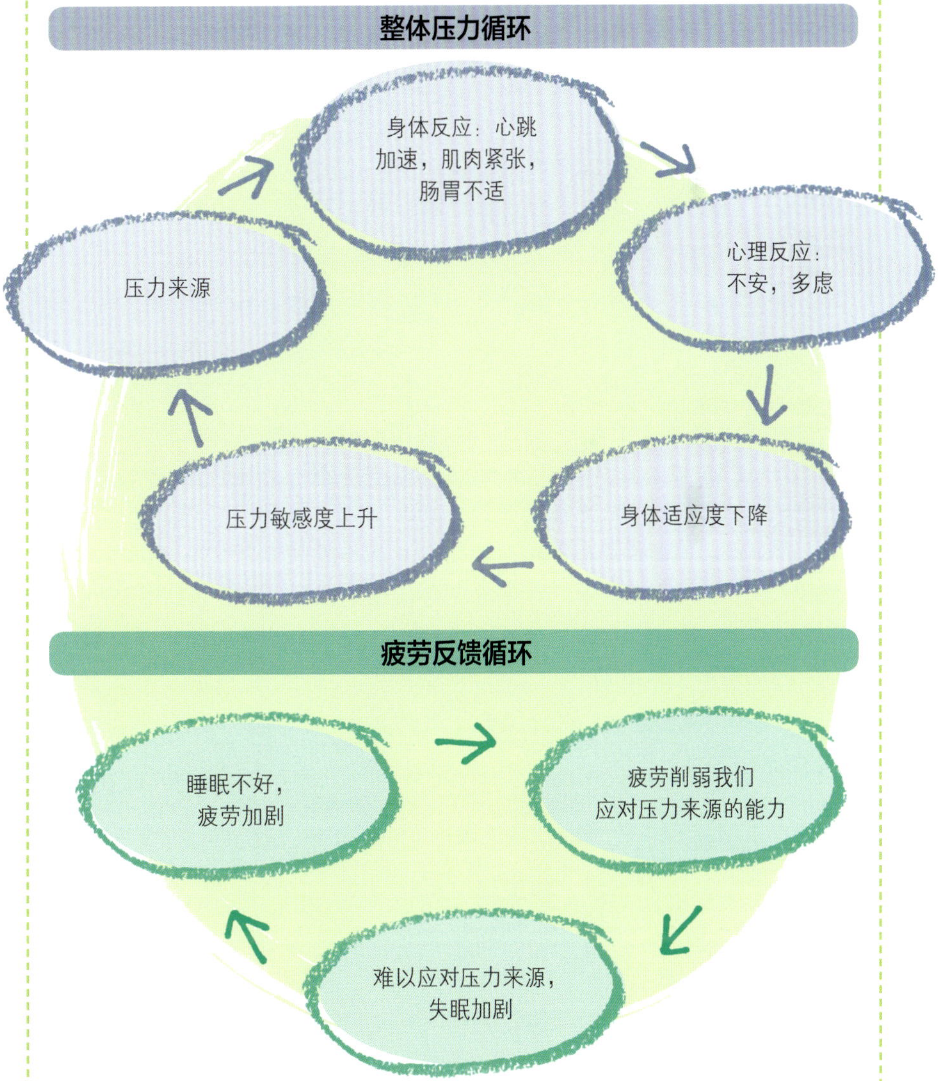

抚平内心

如何解压

正念处理压力的途径既不是试图终结压力，亦不试图调整压力。正念能让我们更容易注意到使压力持续的那些想法、情感和感觉。在这种意识帮助下，我们可以调动可能的契机，采取相应的行动。

种种截止期限、失意挫败和责令要求能给我们的生活带来相当大的压力；自我形象差、消极能延伸出相同问题。通过上述两种途径之一，我们很快感觉压力好似自我认同挥之不去的一部分。这何止是熟悉，压力简直是家常便饭了。

压力开始造成如失眠和无法集中精力症状的时候，你已不再全效工作了。那时起，幸福看起来如梦一般虚无缥缈，人更是碌碌无为，鲜有成功——包括保持良好的人际关系。正是由于上述问题使你感觉很差，导致你陷入又一轮自己击败自己的反馈循环中（见157页）。

处理压力的策略

处理好压力，首先要了解你的压力。我们都存在回避各种问题的倾向，如面对难题拖拖拉拉，以暴饮暴食为逃避方式，你需要认识并逆转上述趋向。借助下文的压力图，发现压力的症状。如果自我了解能得到家人朋友的帮助，将对缓解压力有所帮助。有些人可能感觉寻求家人朋友关系网的帮助是没自信的表现。殊不知，这正是低估了同理心的价值：正念练习和谐你的人际关系，它将成为压力来袭之时，你所依赖爱之能量的重要源泉。向他人寻求帮助有助于丰富你的资源，促进种种事情回归原有的平衡。

此外处理压力的技能包括，当自身情感波涛汹涌时，能平心静气（见130～131页），还包括利用现有因素理性分析自身所处状况。正念冥想培育自我意识，其中一部分便是认清情感是如何蒙蔽自我判断，夸大某些事实而掩蔽其他证据。

情感能触发消极的想法（情感诱发认知），进而鼓动压力循环。用正念对待强烈情感，自己厌恶的情感再次来袭之时，不采用念叨、责怪自己的办法消灭它们，则能掐断压力循环的动力。

控制压力实战

正念中的自我了解，能促使你选取某些常识性途径，来减轻压力给生活带来的影响。

- 避免心“是”而口“非”带来的压力。回避某些能压得你透不过气的情形或人。分清主次，自己很清楚时间花在事半功倍上，而不是事倍功半。
- 做正念呼吸练习，帮你应对可能带来压力的情形，效果上佳（见96～99页）。
- 定期锻炼。现代生活中很少用到“战或逃”反应来对付威胁，有氧运动便取而代之成了实用选项。如果近期没有锻炼或身体有任何不适，要去找医生寻求建议。时常开展长距离行走锻炼，利用锻炼机会施展正念。
- 睡足觉。感觉疲乏能增大压力，使你无法理性思考。睡前避免受到刺激。
- 饮食健康。身体营养好对付起压力来更加得心应手。一天从丰盛的早餐开始，削减咖啡因和糖的摄入，不要过度饮酒。

压力自检图

压力症状正是“战或逃”反应的一般表现：压力使人感到心烦意乱，有攻击性，焦躁多动或万念俱灰。有时甚至能使人深陷情感瘫痪。利用下面的压力图，识别并面对自己的压力症状。每个包含压力反应的圆圈下方，都有正念为你带来的对你有所帮助的态度。

认识压力征兆

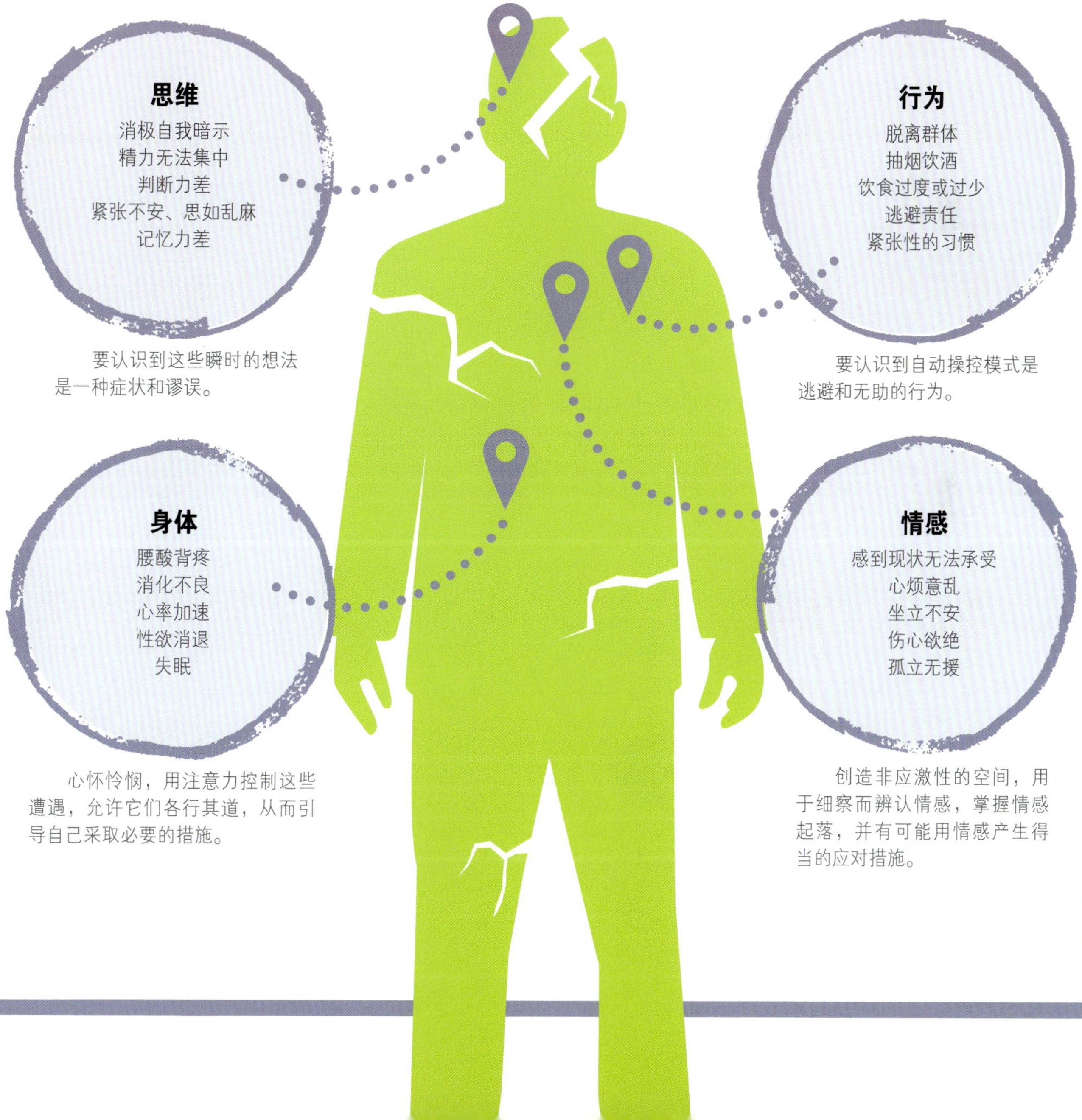

要认识到这些瞬时的想法是一种症状和谬误。

要认识到自动操控模式是逃避和无助的行为。

心怀怜悯，用注意力控制这些遭遇，允许它们各行其道，从而引导自己采取必要的措施。

创造非应激性的空间，用于细察而辨认情感，掌握情感起落，并有可能用情感产生得当的应对措施。

不逃避，不放弃

如何直面自己的问题

正念练习促使我们认清思想和情感的真实面目，了解它们的来源。不过，趋利避害是习性所趋。一般而言，我们脱逃的方法有两种：分散精力和否认现状。

刀耕火种年代，面对威胁，逃跑是很好的策略——特别是大敌当前或猛兽逼近，逃跑是谋求生存的唯一途径。如今社会，压力和我们应对压力的反应，产生了形形色色逃避的形式。一开始，我们面对的很多压力都是内在产生的，可能与过去的事情有关联。然后，压力通过某些具体的症状，如脖子疼、肩膀疼等，引起我们的注意。事情愈来愈复杂，我们会因为面对压力而感到有压力。祖先传给我们的逃跑反应，用来对付压力这样的敌人，完全没有效果。

不得不说，现代版本的“逃跑”反应花样百出。放肆购物、疯狂健身、看连场电影或者做事毫无节制，通过一系列不理智的举动，我们试图分散自己的精力。上述行为扭曲我们的价值观，带来危害，直接威胁对我们而言至关重要的人际关系、健康、为人父母以及朋友往来。

我们还需要认清一项基本事实：逃避问题，只是权宜之计，并不能解决问题：种种替代活动一结束，逃避时期也就结束了。所以只要我们停止

压力冥想

如果感到自己足够强大能够直面真实自我，则围绕自己的某一个压力构建冥想，自己可从中受益。要达到上述要求，锻炼呼吸法，身体–呼吸活动，以及96～99页、106～109页提及的冥想。一旦发掘思维或情感之中存在应对压力的反应，则对其集中精力——把它搬运至你的思维实验室。你还可以在完成5分钟或10分钟呼吸冥想之后，刻意制造给自己带来压力的情形。进行下列练习时，如感到困惑，可以随时后退一步，然后继续。

1 注意到任何具体的由压力带来的思维与情感。用此时此刻带有怜悯的意识容纳它们。

2 集中注意力到呼吸上来。为自己身体中带有情感的区域“呼入”空气。自我了解重点在于，用无拘无束的意识接纳自己的情感。

3 把注意力转向情感附着的人际关系。你觉得这些情感怎么样？怜悯的三重祝福源自“三个对”：对情感心怀怜悯，对自己心怀怜悯，对自己认可它们心怀怜悯。

熟知自我逃避的路线

正念可以介入任何活动、任何逃避的念想之中。下列便是常见的逃避活动。注意自己日常使用的逃避路线。要坚持停留在那一时刻来直面自己的问题。回避痛苦，只能使其长期绵延不绝。而正念则能让你从自己负面情绪中学习、获取力量。

那些活动，独自一人，无事可做或尝试回归正常生活的时候，问题就原封不动卷土重来了。

回避行为与正常生活

持紧张不安的心态，做判断会变得不自信，无法辨别回避行为和正常有序的生活活动。后者不是逃避，而是对逃避的制衡。正念中的自我了解能明辨上述区别。与朋友共度美好时光本身不是逃避行为。如果在你眼中性关系只是现在时，并没有将来时，那么它就可能是逃避行为。

与问题正面遭遇

愉快与不快的经历在正念看来一视同仁，这非常关键。如果你心存目的，有意关注自己现在的思想和情感，必然遭遇某些不堪事实，不过你们之间保持安全距离：你确实处在这些事实之中，除非你允许它们把你带入到情景中之外，它们根本无法影响你。谨记正念并非剥离现实，而是直面实现。

要害在于学会用己之正念直面己之经验，用正念意识的怜悯胸怀容纳那些令自己不快的发现。

自我怜悯不是通过逃避或否认来保护自己不受来自不堪事实的伤害，而是让自己全面认识不快之事，明白其成因，把它们看作自己学习成长的经历。

焦灼不安

如何正确解读焦虑

虽然知道焦虑会让自己很难快乐起来，生活中仍免不了遇到烦心事。但是，就某种焦虑及其引起的身心双重紧张而言，它们所带来的影响会持续干扰我们的日常生活。

恐惧是面对严重威胁时所产生的一种情绪反应，比如，遭遇抢劫；思及老之将至,辞世在所难免；面临失败，这都将引起恐惧。焦虑和恐惧紧密相关，通常由一些紧张的状况所引起。这些紧张状况可能是真实的，也可能是想象出来的。想象力丰富，能带给人无限欢乐，但它同样能使人变得更加焦虑，更加痛苦。

普遍焦虑

许多人都经受着一种普遍的焦虑，极小的问题都有可能引发焦虑。心理学家也没有完全理解其形成机制，但是似乎某些因素会加剧人们的焦虑。长期的压力和过去的创伤都可能影响焦虑情绪。家庭遗传性格也可能是影响因素之一。有时周围的人通过直接暗示或通过他们的行为暗示，我们的生活中危机四伏，或者忧虑是躲避问题的良好方式，这也是重要的因素之一。焦虑者属于消极回避型人群，也就是说，一旦发生不利情况，他们倾向于消极地躲避问题。

焦虑意识

与其他情绪反应一样，理解焦虑是学习如何避免伤害的第一步。焦虑往往会使人们对未知的未来产生许多问题，忍不住问许多个“假如”，进行各种猜测。“假如我错过了火车呢？”“假如我付不起房租呢？”“假如我女儿出了意外呢？”有时候焦虑还会自我衍生：“我如此焦虑不安，假如我在会议时说不出话怎么办啊？”就这样不断地发问，暗自焦虑，最后人们发现自己在这种完全属于臆想的危险情景中“自娱自乐”。

为焦虑而焦虑

放任不管会使焦虑加剧：以下是常见的两种误区：

- 我的焦虑失去控制了。
- 这种焦虑会致病。

如果任由这两种消极想法滋生蔓延，后果将难以收拾。这是自我暗示的力量。如果以冥想的方式解决这种想法，我们就能躲开焦虑恶性加剧的怪圈。只要你秉承活在当下的信念，怪圈将不攻自破。

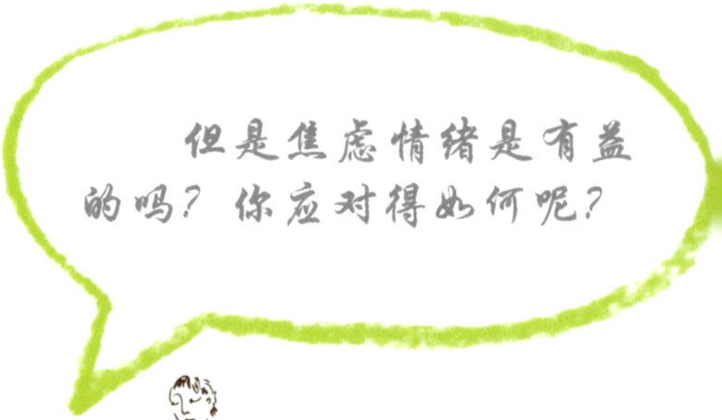

焦虑情绪并非盟友

每个人都受到焦虑情绪的影响，因此我们或许会认为它的存在是合理的，甚或将其看成个性的组成部分。

焦虑的人脑海里琢磨着各种毫无帮助的想法，与此同时，在现实世界中，很可能直面令其焦虑的现实的时候，反而选择逃避。选择逃避不可能用一个满意的结果来驱散由焦虑带来的恐慌，逃避使焦虑绵延不断。

正念在处理焦虑中扮演的角色，除了通过冥想增强韧性，更主要通过如下两种途径得以实现：首先，正念能帮助我们明确处理或抑制焦虑情绪中那些常用，但不正确、不得当的方法（见下图）。第二，正念使我们把精力集中在此时此刻，鼓励我们放下对未来的想法，从而训练我们能接受尚不确定性（见165页）。

对自身焦虑情绪的控制

下文提到几种策略均不能成功抑制焦虑情绪。而正念法强调心理上对焦虑情绪的接受而非控制，是更为切实可行的应对方法。

强忍掩饰法

这种方式需要很强的意志力，因此十分耗费精力。而且它还会带来新的担忧：你会担心你的努力达不到你所需要的效果。此外，当掩饰焦虑情绪时，或许还会表现出诸如消极、过激等各类补偿性行为。

理性对抗法

这种方法未能认识到焦虑属于情感范畴，它不受逻辑思维规律的制约。在与焦虑对抗的战役中，仅靠理性是绝不会取胜的。

分散注意法

这会使潜在的问题更加严重，还可能导致诸如酗酒等极端行为，而这类行为自身又会引发新的焦虑。

正面思考法

这个方法听起来可行，但也同样会引发一场可能耗尽精力的持久战。在这场战役中，正面思考法需要持续努力，然而人的精力有限，焦虑情绪自然攻城拔寨、常胜不败。

心如止水

如何应对焦虑

焦虑是面对压力时产生的一种情感反应。频繁的焦虑感会让我们怀疑自己是否生性如此。正念冥想时，把注意力集中到生命长河中的一个个浪花，我们会发现，所谓“焦虑的浪花”并不足以证明自己是生来焦虑之人。

言不避讳

有些人或说出“我很紧张”，从而向他人坦露心迹；或与自己进行心灵对话。

“我很焦虑”与“我是女人”或“我是一名牙医”一样，是对自己的身份认同。事实上，思想和情感与个人身份并没有太大关联。相反，我们要换种方式表达自己，并养成习惯：“此时我内心充满焦虑”更符合真实情况。谨慎使用固化负面自我形象构建的语言，不要使用情绪确定自己的身份。

焦虑是一种假象，是人类在早期进化产生的自我保护机制 。它夸大了自身的恐惧感，编织假象，释放危险信号，以此来阻止可能面临的危险。理性地分析，我们发现焦虑状态危害不小，轻则降低办事效率，重则损害身心健康。但仅仅了解这一事实远远不够，还需采取相应的措施。

疗法与正念

几十年来，心理学家们研究出很多焦虑类问题的疗法。其中应用最广的是CBT（认知行为疗法），其原理是直面内心自欺欺人的消极思想（详情见30～31页）。正念疗法却与之不同：它并不触及我们的焦虑诱因，而是鼓励我们保持体悟当下、宽容接纳的心态。这种方法可以改变我们对焦虑的认知。

我们首先要认识到，焦虑是匆匆

控制欲

焦虑并非自控的反面。焦虑只是一种情绪，而我们可以从中学到东西。

而逝的内在体验，在生活中感知焦虑是正常且必要的，认识到这一点是解决焦虑的第一步。与其躲避，不如直面焦虑，全面感知焦虑的种种表现。换句话说，面对烦恼，与其转身逃走，不如打开心扉，看看它们能奈我何。

以正念法直面焦虑时，我们不必逃避或抑制，只需旁观静待，分清轻重缓急，以我们的价值观来回应。勇敢地走近焦虑，我们将豁然开朗，与焦虑的关系也随之焕然一新。我们不再釜底加薪，焦虑自然会在适当的时候悄然转变为有益身心的东西。

正念不是大刀阔斧处理那些导致焦虑的事情，而是鼓励我们用怜悯意识对待它们。

应对不确定性

每个人生活中都会遇到不确定因素，只是有人善于应对，有人不善应对罢了。很多人都追求四平八稳，为逃避不确定性而不敢越雷池一步。我们甚至认为忧心忡忡也不是坏事，因为焦虑在我们脑海中导演了种种情景，再糟糕的结果我们都已预料到，因而任何情况也不会使我们惊慌失措。下面的图表对比了幻想与现实，并且展示了如何思考和全面感知不确定感。

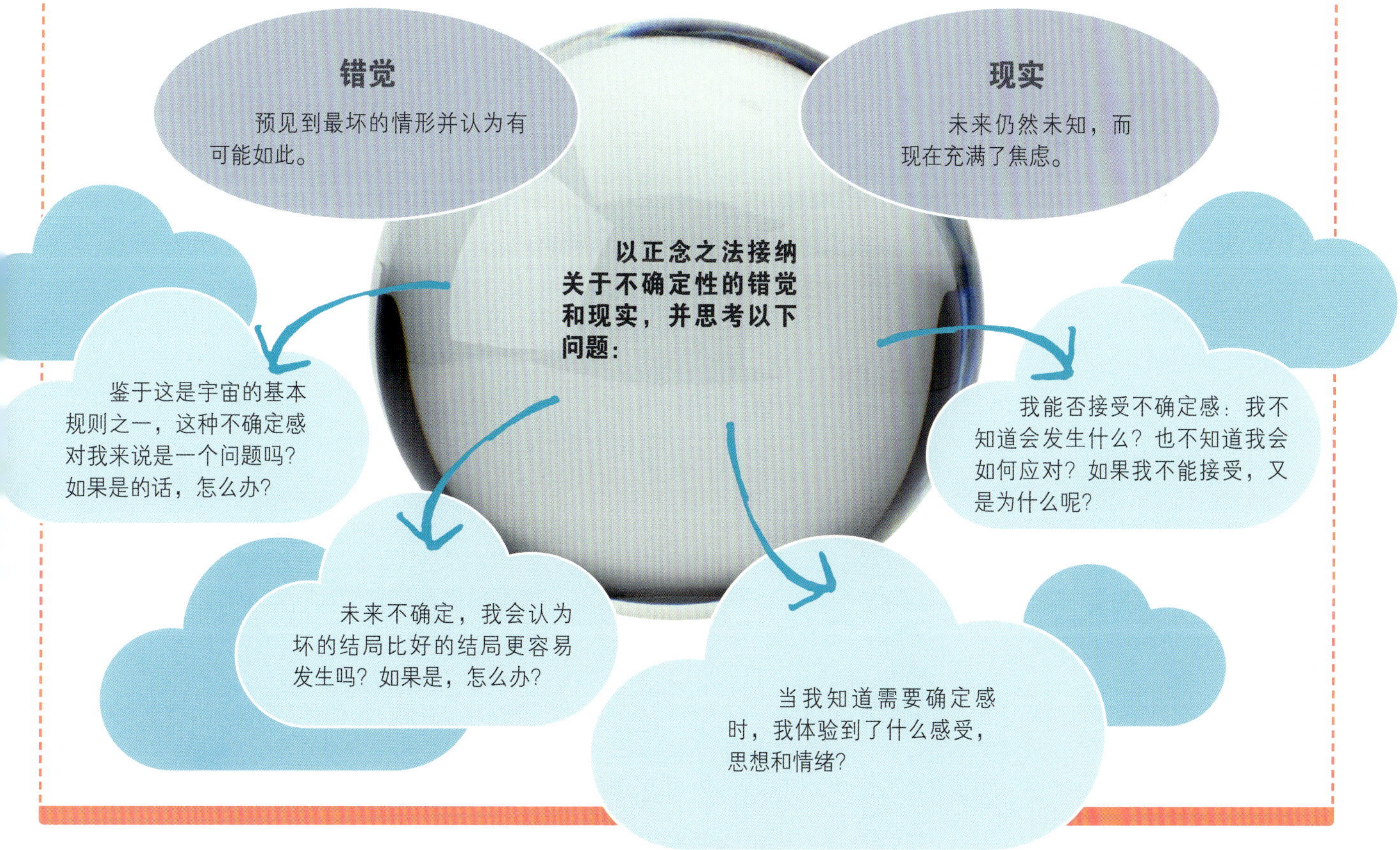

天气警示

怎样理解情绪并调节情绪

我们无法完全消除情绪对内心世界的影响，当然也不愿这么做，因为这些情绪能使我们看清事情的轻重缓急，给我们的行动以宝贵的提示。然而，有些我们习以为常的情绪却毫无益处，若任由其发展，我们必定会深受其害。

有人认为情绪是问题产生的隐藏力量，必须加以控制。正如竞技选手骑在烈马背上，必须将其驯服一样。这种想法或许适用于浪漫小说，却与现实毫不相干。事实上，情绪总是转瞬即逝——研究表明我们的自然情绪只能保持几分钟，有些更是一闪而过。如果情绪对我们造成了不良影响，多半是我们自己不经意间固化了它们。

调节情绪的正念之法，既非克制，也不是放任自流。我们要有意识地采取折中的方法，即观察我们在压力中情绪的起伏变化。我们愈是懂得情绪短暂易逝，就愈不会受其左右，与之相安无事。而后，正念训练熟练之后，我们就可以更清晰地发现自己的内心世界，在情绪的惊涛骇浪之中稳坐钓鱼台。

跨越心障

负面情绪总是猝不及防，使我们安宁的内心陡起波澜，使健康的身体突感不适。愤怒在胸中涌动，怨恨在心中郁积，妒火中烧让我们患得患失，恐惧让我们惶惶不可终日。

情绪流露时，我们往往加以识

正念法

正念之法将情绪置于更广阔的背景之中，即我们的内心世界与外在经历。我们以包容之心接纳自己的情绪，并将其置于某个空间之内，这个空间用学术术语来讲叫作“更广阔的注意力框架”，而用文学性的术语来讲叫作“更大的注意力”。

情绪处理的策略

长期进行正念冥想，我们将不再把情绪视为大敌，千方百计予以矫正，而是将其视作身体的自然反应。情绪滋生之际，以正念之法徐徐靠近，并对自己的反应加以体悟，详情请看以下四个步骤：

1 识别情绪

尽量识别情绪，愤怒、幸福、孤独、恐惧抑或是嫉妒？仔细辨别混杂的多种情绪。专注于情绪首先要识别情绪。识别情绪后，我们能更好地超脱内观，身心更加自由。

2 接受情绪

允许情绪的产生，不予抑制与判断。

3 探查情绪

查看生理反应，根据其表征判断情绪的类别。

4 解脱

正视自己，摆脱情绪困扰。时刻提醒自己，情绪仅是过眼云烟，并非缚己之桎梏。分清“己之所受”和“己之所有”之间的界限，不要纠结不清。

别并思忖再三，并由此陷入痛苦的泥淖。被别人激怒时，我们会不断回想此人旧日种种冒犯之举。内心充满恐惧时，我们会天胡思乱想，设想出最糟的情形。我们迫切希望“控制”情绪，却误入歧途。我们只是一遍一遍地再现（或再次想起）造成该种情绪出现的原因，一遍一遍地揭开伤口，等于一再为该种情绪火上浇油，却偏偏没有认识到它。

倘若我们不再关注于自己的境况，而是内心感受与身体感知，想一想在什么情况下会战栗、脸红、流汗、口吃，这种情绪便不会在思绪中愈演愈烈，而是自生自灭，在呼吸间悄然离去。循正念之法，情绪始则成形，继而外显，最终自然消退。掌握此法将终身受益。这固然需要大量练习，若不再冥思苦想如何应对情绪时，我们将获得极大的解放。我们将更加自由更加轻松地体验情绪，并且以“纯”情绪（即不因其背后的因素而夸大或重塑）为向导，能知道生活中的每一刻我们需要的到底是什么。

轮换

如何应对变化

无论我们是否找寻出生活中的变化，或外界压力造成的变化，变化总是让我们更加坚强，更加灵活地适应新环境。秉正念之心，我们将直面困难，而非逃避困难。

有的家庭会在门框上做记号，测量孩子的身高。这告诉我们，人生充满着变化。家中长辈日益衰老，也在提醒我们这一事实。我们自己的时光却在不知不觉中悄然流逝。

我们的家庭和工作（撇开孩子不说）看上去一帆风顺，说明我们此前所做的选择是正确的。我们的生活平静安宁、幸福美满。然而，如有大的变故，如失业或飓风来袭，风平浪静的生活就会陡起波澜。由于我们习惯安于现状，有时也会错过积极的变化。

应变的艺术

遇到大的变故，应对时要分步而行，有点像准备一桌宴席。以正念之心，关注生活中的变化，留心情势的发展、内心的变化以及身体上的变化，做好应变准备。秉正念之法，我们接受了思想的变化及随之而来的情感变化，从而灵活应对改变。变故来临时，我们不免悲伤，不免苦恼，不免愤怒，且欲迁怒于他人或外物。正念之法让我们超然事外，分析这些本能反应，给出选择，让我们从当下走向想要的生活。

防范自我印象

许多人在遇到压力时候，总是塑

变化历程

美国精神病学家伊丽莎白·库布勒罗丝（1926—2004）描述了人们面对悲伤时经历的7个阶段。面对生活中出现的较大变故，人们的经历和感受是相近的。指责、愤怒和沮丧等情绪通常出现在震惊、否定、不满阶段，但在之后的恢复阶段又有可能露头。

以“正念法”来处理这些情绪和消极思想，可以帮你从容地度过过渡期。

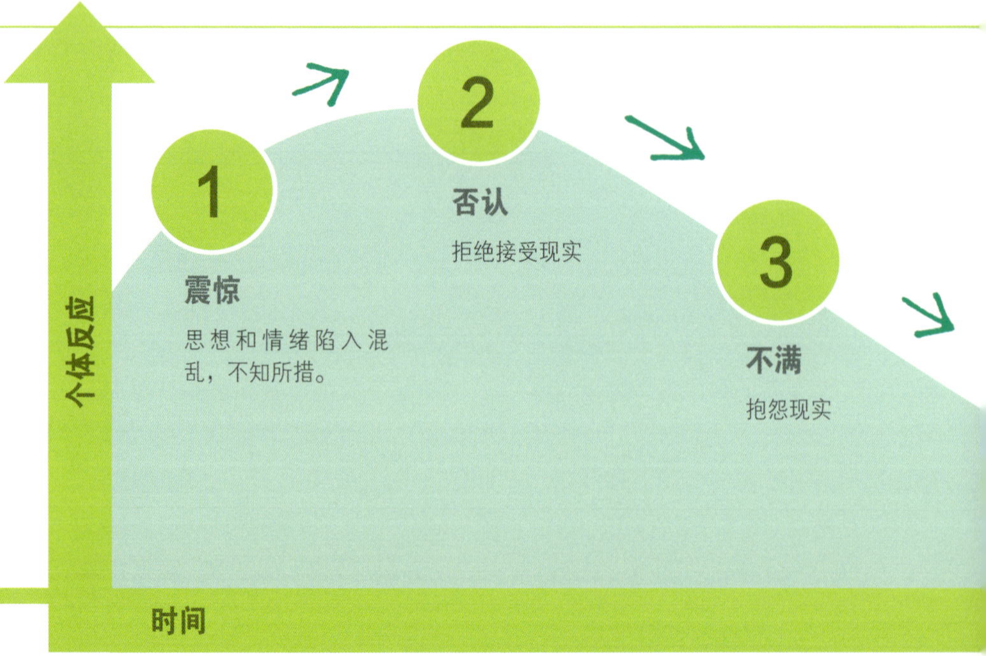

五点改变计划

正念法能使你更好地接受和适应改变。下面是些小妙招：

- 保持冥想。如果中途有间断的话，应继续每天练习。
- 以正念之心体味你的想法和情绪。
- 给自我调整的时间——不管他人怎么说，按照自己的节奏进行。
- 坚持自己正确的侧重点和价值观：不要忘记未改变的事。
- 交流——从他人那儿汲取力量。
- 打开心扉，思考我们面临的选择，从当下走向想要的生活。

造起坚强无畏的形象，来掩饰自己内心的脆弱。这就导致了他们真正需要帮助的时候却不敢寻求帮助。正念之法告诉我们脆弱是难免的，更告诉我们不愿向家人或朋友求助是自负的表现。即便你真的向他人求助，出于自负，你也不会告诉别人到底要如何帮助你。

人类自我适应新环境的能力是非常惊人的。而那些不能适应改变的人，通常会说服自己这是不可改变的。

正念法在这方面亦有助益，它可以去除消极的自我暗示，如“我找不到新方法”或是“年纪大了，现在改变我的坏习惯太迟了”等等，防止我们沉溺于过去。改变能使我们更好地了解自己，在这一过程中我们将更坚强、更聪明。

> 正念使你做好准备，接受因改变而产生的那些思想和情感。

阶段性的适应过程：

面对变化时，你或许会在其中某个阶段裹足不前。比如：不愿正视愤怒等负面情绪会让你停滞在“否认”阶段。“正念法”可以帮你处理情绪，并向前迈进。

“学会顺其自然。”

爱比克泰德（约55年–约135年）

脱离自动操控模式

重塑自我

重塑自我，道路漫长而艰辛。以正念之法可知，我们习以为常的思想或做法，其实都归因于自己的选择。以正念法做出选择，可以分清轻重缓急，习惯的力量自然会消退。

自动操控模式下，习惯替我们做选择。习性所趋，有欲有恶，有喜有憎，似成定式：日积月累，愈发难移。习惯筑无形之墙，我们囿于其中，不得自由，难以充分发挥潜能追求幸福。

这种现象生活中随处可见——如每日牢骚满腹，阴影挥之不去，破坏了人际关系；再如努力减肥却徒劳无功，严控超支却收效甚微。习惯之力愈来愈大，周而复始，终成习性。

计划与意愿

自古至今，我们常在新年前后立下志向，誓要破除旧习，但收效大都不能长久。立志证明意愿笃定，可还是缺乏实际行动支持。此举好比以筛挡水，又似竹篮打水：所托非物。充其量只能缓上一时而已。要解决惯性问题，需要充分深入自我，秉正念之法，发下宏愿。

聚焦误区

保持正念，即以诚待己——透视万物本来面目，并欣然接纳。专注于习惯中蕴藏的幻象（见右图），最终将削减其强大的惯性力量，从而你将打破另一个幻象：习惯永远挥之不去。

为一时之快不加节制

- 食物
- 饮料
- 电视
- 睡觉
- 购物

以上本无谓好坏，但有可能上瘾。

自以为是的控制欲

- 过度思考
- 过度分析
- 过度计划

自我感觉这样能解决问题，实则不然。

跳出习惯之囹圄

下图为恶习带来的种种后果——消极回避，阻滞不前。想要将有百害而无一益的习惯转化为健康有益行为，良策是正念。正念之中，随自我意识而来，我们能为自己肩负责任，保持向善转变，更有可能生活得健康和幸福。

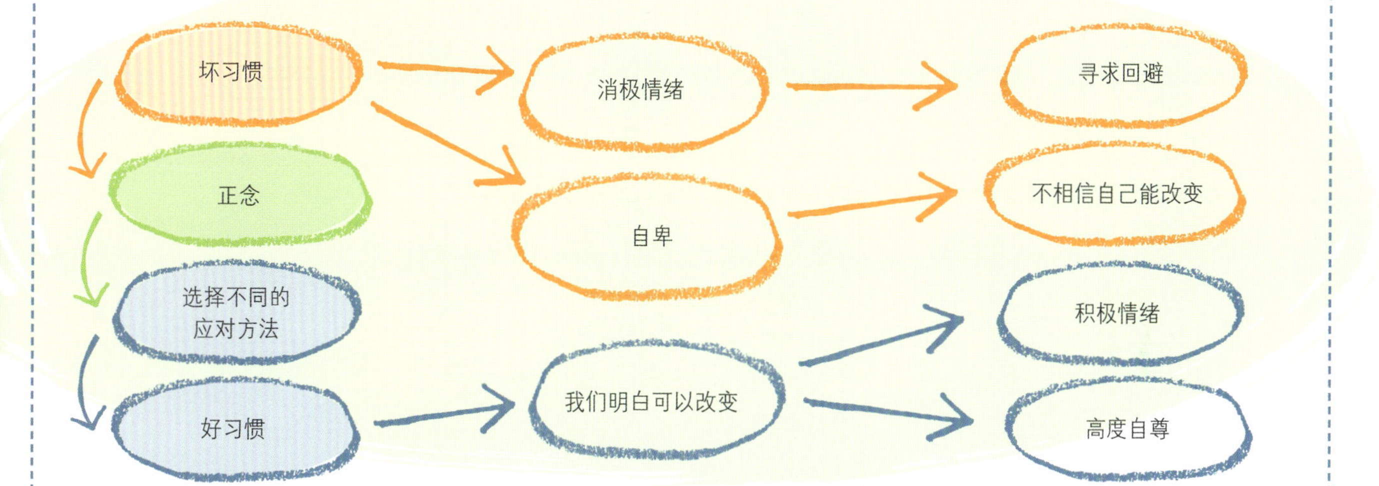

过程或有不快，亦不难做到辨识习惯所成之自然。以正念审视己身，方能直面显露之现实。怀怜悯之心，无论是特定诱因的习惯反应，或是反应的通常结果，均坦然接受，是改变自我之根本。其中直觉起关键作用，直觉依正念运作时，优于自动操控模式，可助人辨识习惯所成之自然，可揭露惯性之害。相信直觉，警醒自我，勿忘本心。

错觉之逃避一时

- 明日复明日
- 口“是”而心“非”

把矛盾弃之不管——这样做只会导致焦虑，因为自己清楚矛盾终究不可避免。

错觉之无责任感

- 不守时
- 不守信
- 不守规矩，喜欢说“下不为例”
- 爱撒谎
- 爱闲言碎语

自己没把不可避免的后果放在心上。

正念带来改变

以正念缓缓撑起意识之伞容纳万物，一举一动皆由我准可。脑海中存余地，此地之上，选择任由自我。正念引你至此，予你重塑自我之力。

我能，我应得

如何树立自信和自尊

长期怀疑自我能力与价值严重妨害我们追求幸福。正念法能帮助我们消解消极自我暗示，启动树立自尊的良性循环。

自卑会导致气馁，思维渐成定式，传递自疑与自否——你太懦弱了，你太愚蠢了，你太笨拙了，或你太肥了。即便内心或别人传来积极信号，消极之音喋喋之语早已将其吞噬殆尽。对自我能力与价值存疑，则不能完全相信自己所想与自我判断。如何得以挣脱消极思维的恶性循环呢？

正念正当其用。以正念之心守在当下，深究自己的思维，不带价值判断，则能明察思维何时出现偏差。正念鼓励你停下来观察自己的思维，从而放慢习惯性思维模式的脚步。

自疑与自贬会悄悄渗入你的生活。

正视自卑

自疑与自贬悄悄渗入生活的途径很多。尽快发觉，则能尽早使用正念阻断恶习成形。

期待的事情没来，就会责怪自己吗？譬如，朋友好久没打电话来了，想必她只是太忙罢了，还是猜疑自己做了什么令她失望的事情呢？如果自责，说明自卑。

平日与朋友家人相处无异，只是需要别人评价自己时不太自信（例如参加面试），还是觉得任何情形中别人一直在审视自己（例如参加聚会）？如果后者习惯性地发生在你身上，可能表明自我价值出了问题。上述短期不自信的问题，可借助正念克服。如此，你将不再喜欢逃避——即遇到认为自己可能受伤害的情形，有可能刻意回避。

基本要素

自信影响自我感觉、与他人的关系以及自我调整能力。自信让我们更加容易发现自己的潜能，从而更易于把握幸福。不可因太担心失败而放弃坚持相信自己和感受信心满满。正念支撑上述两个要点。正念将耳边聒噪不已的消极之语阻隔在外，使你不为所惑，从而相信自己，充分感受信心。

六条锦囊助自信生活

如果消极自我暗示让缺乏自信的你雪上加霜，那么来尝试六条锦囊强化自信吧。

1. 怀怜悯之心，接受自己的过错。
2. 面对挑战，怀疑自我能力对你毫无帮助，不要身陷其中。
3. 成功的动力应是自己的单纯意图，而非用于洗刷过去失败的经历。
4. 做好自己——正念带领你认识自我、了解如何找到并把握属于你的机会。
5. 尽可能多做自己擅长的事——即便别人不认可不理解也没关系。
6. 做出贡献——认识到自己所作所为很了不起将会增加你的自尊。

自尊的良性循环

自卑恶性循环中，自疑导致自我要求降低并且难以取得成功——继而加重自疑。焦虑混淆我们的目标，亦是帮凶。正念助你摆脱低期望值的不良影响，远离对自己表现信心不足的困扰。成功——哪怕认识到“我已经尽最大努力了”——为你树立自信，从而进入个人成长良性循环。

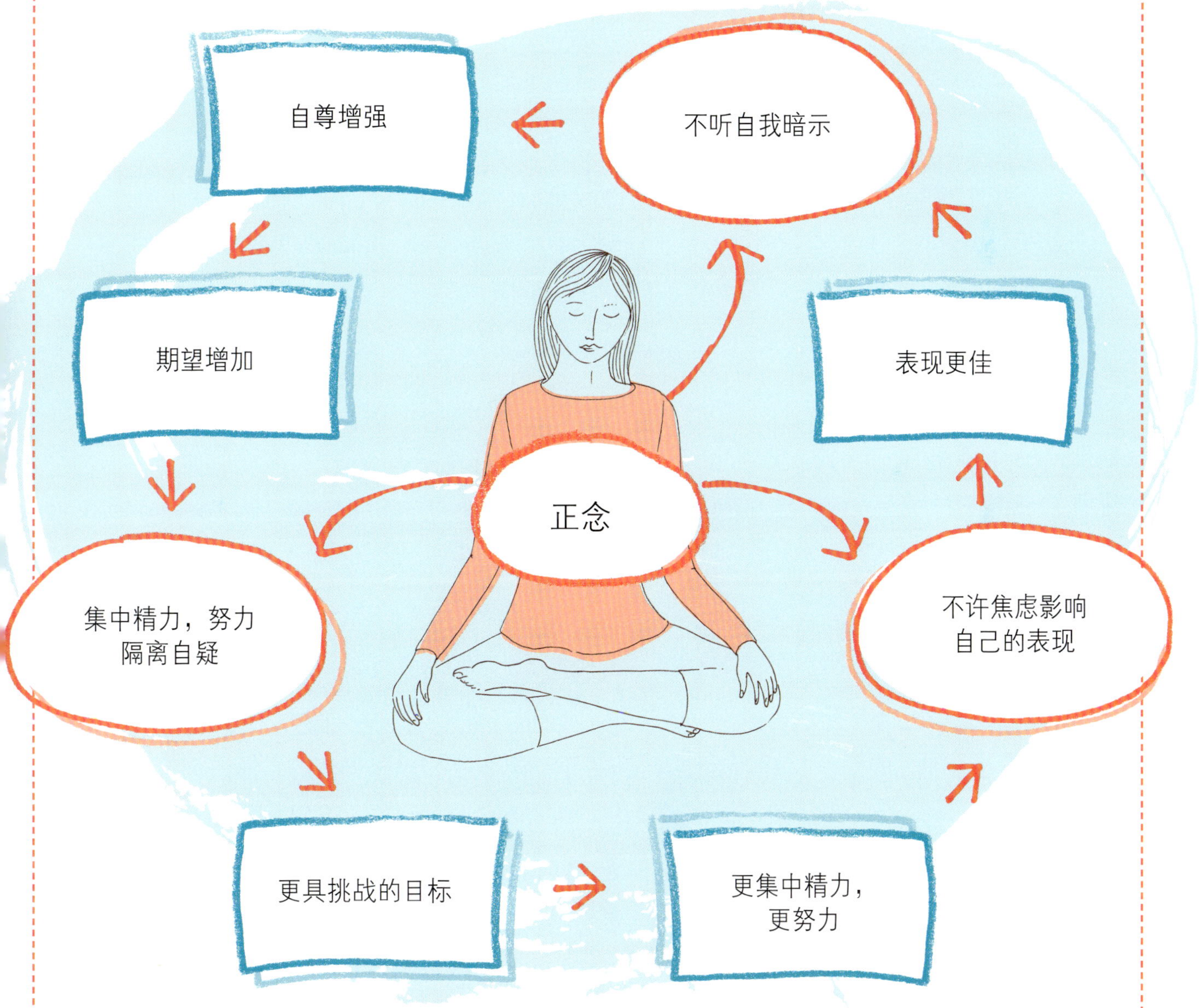

七呼七吸之内

如何做决定

做决定，部分出于直觉，部分出于理性。感情可能悄悄溜进决策过程，扰乱我们的判断——比如焦虑让人凡事推脱。做选择时也可能受别人对自己看法的影响，而给自己戴上有色眼镜。正念让我们聚精会神，聚焦目标，成为规避上述误区的方法。

我们思考、决定，然后有意而为。有些人是天生的决策者，有些则优柔寡断，最后匆忙了事。面对复杂情况，即便是决策天才，也需要多点时间，拿出一套感觉有把握的执行方案。

中世纪的日本，要求武士在七轮呼吸内做出决定。现代世界，迅速做出决定可能有时不难，甚至简单，但最初的决定不一定是适合的最优解。如移徙或择业之类大事的定夺，分析和深思必受益匪浅。

挑战与复杂情况

感情会从两方面影响决定。你可能很看好某次机会，因为提供给你机会的是熟人；还可能否决另一次机会，因为把握它意味着要脱离你认为

快速决策指南

要快速做决定时，按下列几步进行。如果你花时间了解直觉给你传达信息的方式，这将大有裨益——有时信号甚微，可能遭外来“噪音”淹没。

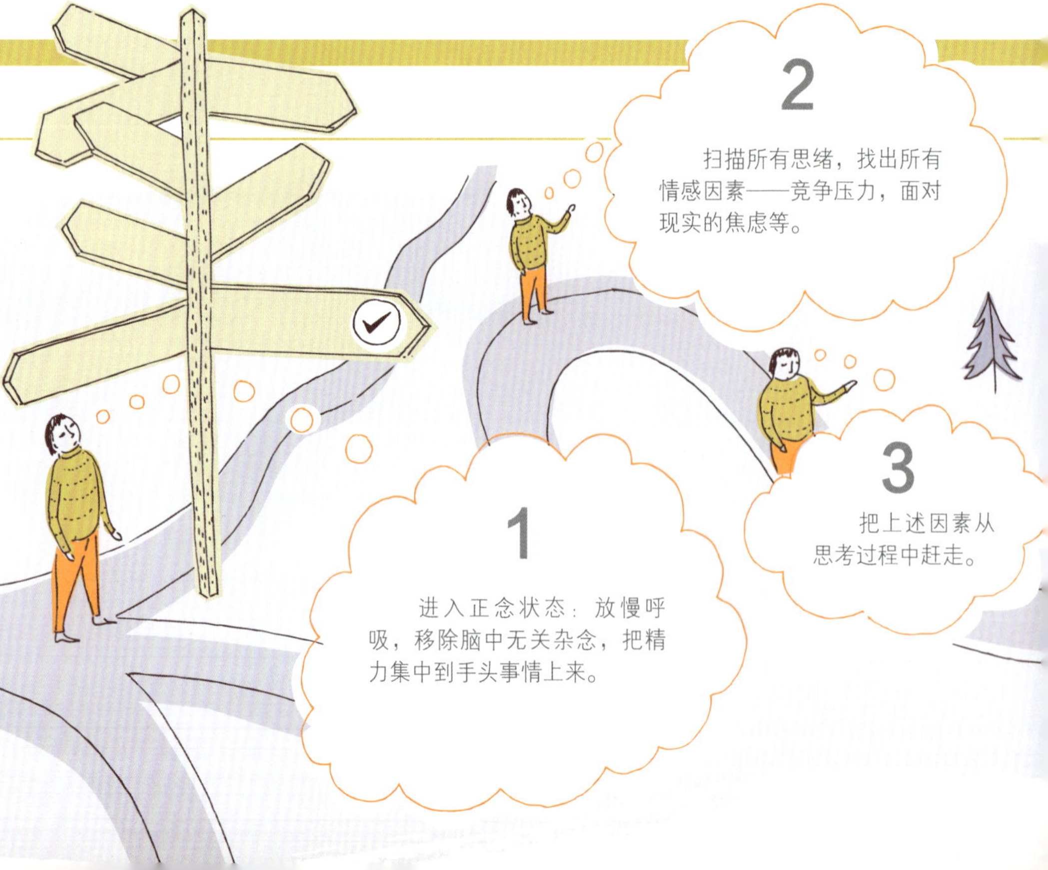

舒适的环境。

面对挑战，我们显得有些矛盾。一方面，可能想要尝尝拓展自我带来的甜头，甚至要为成功谋名；而另一方面，可能怀疑自己的能力，害怕事情办砸了。驱逐不必要的焦虑，强化我们的自尊，正念冥想可化解挑战带来的情感冲击，让我们能接受、直面挑战。“我或许会成功，或许不会；那么为何不尝试一下呢？”

双重焦虑

做决定的时候，很多人发现自己身陷双重焦虑：焦虑来自某些可能性的消极面，还来自于我们到底决定做的正确与否。往往采取行动后，这种不确定因素导致带来的压抑感会持续相当长的时间，演变成一个几乎无法得到答案的问题：“如果我不是这样做，而是那样做，是不是更合适一点？”

正念无视各种假设情形，能穿透迷雾，直达决策核心。自己越现实，越有自我意识，则越能接受过去不能重来的事实。即便犯错必定后悔，也是对意念力的无端浪费；自己不清楚是不是注定要后悔，为此感到焦虑是双重焦虑。

正念助你分清直觉和反应。

正念如何改善你的决策过程

在生活中，正念助你做出更佳决定，因为：

- 正念释放压力。而压力扰乱思路。
- 正念使你更容易把精力集中到事物的本质。
- 正念助你摒弃杂念。
- 正念将你从过去习惯的行为模式中解放出来。
- 正念提高你的自信，因此你对自己的选择更自信。
- 正念助你对抗情感侵扰。

思维清晰

如何识别情感偏见

思维是奇妙的工具，但它们却受到各种各样偏见的影响。这些偏见通常是由我们的情感所产生的。我们可能认为自己富有逻辑，有时会使用类似“因为”、“所以”之类的词语来形容我们的思维过程，但情感往往能打败理智，从而左右我们的决定。

未经训练、无冥想经验之人，在做决定时往往更容易让先前的经验模式循环往复。

一个典型的例子是：尽管有过分道扬镳的经历，但人们往往每次都会选择同一类型的合作伙伴；又或是一个人迟迟不能改正坏习惯，总是安慰自己这是最后一次放纵。正念之法就是根据轻重缓急来判断每一个决定，这往往意味着从长远考虑，做出短暂的牺牲。

决策过程中使用正念之法，首先

曲解

倘若工于算计，最终受损的不只是我们的道德。情绪偏见使我们自食苦果。这也在理论经济学家提出的“最后通牒博弈”中得到了验证。规则如下：假如有人给你100英镑，请你将这笔钱分配给自己与一位熟人，比如玛丽。分配给玛丽的金额多少由你决定，但她如果拒绝接受，你们两人都得不到分文。玛丽也了解这一规则。从逻辑上讲，你应该分给玛丽尽量少的金额，比如1英镑。理智告诉玛丽他应该接受，因为1英镑也好过一无所有。但在博弈中，结果却往往并非如此。

要区分活在当下还是为活过当下。倘若告诉自己：“永远不要在意结果，想做就做，现在就做”，这句话与正念之法相去甚远。正念并非要你视而不见：其要点是拓宽而非限制你的视角。

不念过往，不忧未来，方能做出更好的决策。

重大抉择时应减少偏见

提高“当下意识”有利于减少决策中的失误。“念念不忘于沉没成本”，这一常见错误是指我们常趋向于在一条明知行不通，但却已经付出了大量时间、金钱、精力的道路上踽踽前行。这虽是一个商业术语，在日常生活中也普遍存在，不信看看下面的例子。有人曾在英士国际商学院（INSEAD）这所世界一流的商学院做过调查，结果显示通过正念式冥想法可以极大地降低犯此类错误的可能性。

- 我已经投入到了这段感情中，但发现双方存在不可弥补的差异。我没有选择分手，去追寻新的幸福，而是苦苦挣扎。
- 我已经在一家公司开始了职业生涯。尽管我在本专业领域一枝独秀，但升职却遥遥无期。我没有另寻新路，而是悲伤地留任。
- 我已经买了票去音乐节，可是我的同伴患了感冒，而且天气也不尽如人意。为了不浪费门票，我们还是去了，否则辛苦赚来的钱都会打水漂。然而换来的是受冻与煎熬，回来后两个人都生了病。

同理心

如何关注他人

要想乐人乐己就得保持一颗怜悯之心。

以正念之法加强和丰富与他人的联系，是我们的快乐之源。这大都源于给予，不仅是温暖和爱，必要时还要心怀怜悯。

我们不能读心，他人也无法探查我们的心思。但为什么我们又不会感到是完全孤独的呢？答案就是，我们有意地在人际关系中形成深层联系。了解某人从简单的信息交流开始，这种交流常常发展为较深厚的伙伴关系。即使不同处一地，内心也会有这种亲近感。对他人的直觉感受就是同理心，与之相近的情感为同情与怜悯。

正念联系

研究表明，冥想会激活大脑中我们称之为脑岛的部分。脑岛对同理心有着非常重要的作用（见110～111页）。对冥想者进行的自我评估研究表明，冥想会增强同理心能力，并把它扩展到熟人圈外至普罗大众，这也与以上发现相符。这丰富了我们的人际关系，增强了我们交流的能力。

全身心的冥想始于自身，因为自身是所有联系的中心。首先应体察己身，感知我们的思想和情感。我们或许会尝试着控制自己的思想与情感，但正念之法要求我们以爱感知，如同父母抚慰孩子。在自我发现的过程中，我们愈发沉稳，同时意识也得到了延展。如同以自身为器，容纳同理心之力，渐渐充盈其中，满而自溢，滋润他人。

给予更多

随着练习的深入，我们渐渐摆脱令人身心俱疲的消极情绪和无边欲望，发现自己能给予更多。同样地，如果我们能不加评判地（这也是正念概念的关键词）看待自己，就是宽容别人的开端。洞察己身能够让我们更加意识到自身价值，而同理心的觉醒

重叠之圆

同理心是爱、怜悯心及有效交流的基本组成部分。正念使同理心得以加强，并促使我们和他人的交流更为积极和有效。

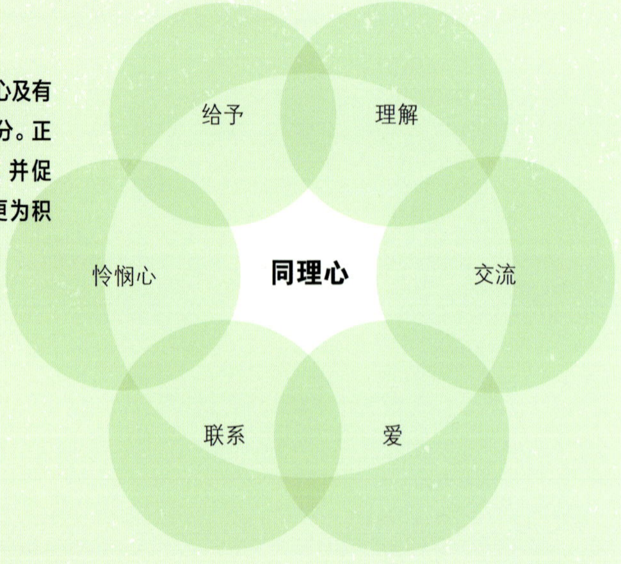

感同身受

从某种程度上来说，人人皆有同理心：社会进化中，同理心是一项适应性优势。有的人此项能力较强，能够凭直觉感知他人的情感，有的人则需要借助于正念修行。

有些心理学家认为，我们天生的同理心取决童年时期核心关系的建立。在日常生活中，你可以采用以下五个简单实际的步骤培养同理心。

则让我们发现他人的重要性。千千万万之人，如同我们一样，竭智尽力，突破自身极限，分清轻重缓急，寻找属于自己的幸福。常存宽恕之心，抛却沮丧之情。

同理心运用

施同理心于悲痛之人算不上愉快的经历，因为同理心乃是设身处地感受他人的感受。仅因为心烦意乱就不敢面对现实，实非正念之举。以正念之法体察己身，使我们更深刻地感知苦难，但不可陷入过深，以免减弱我们给予帮助的能力。此时需要怜悯之心，同理心通过怜悯心发挥作用。怜悯心基于同情共感之心，但又有源源不断的力量。因为秉正念之法的我们知道，我们必须足够坚强，以推进刻不容缓之事，即在需要的时候给予温暖与支持。

正念联系

如何改善人际关系

人们大都会与别人打交道，或许是出于习惯，或许是出于家庭原因或社交原因。尽管正念会消解习惯模式，但不一定会打破这种关系。最好以正念的方式审视人际关系，观察你是否正损害人际关系。

每一种当下所拥有的人际关系都有可能丰富自己的生活。也确有一些人筑起心墙，孤僻自封，抑或是以一种完全无法令人接受的方式对待生活，但我们终归要探究自己的内心。问问自己，心墙的主体究竟是你自己所筑还是他人所垒？差异为我们提供了全新的视角，因此很有吸引力，但这并不是我们结束一段关系的原因，难道不是如此吗？到底是什么原因让你觉得和某人在一起不自在？正念有助于解答这些问题。

第一印象

基于他人的外貌、工作、朋友或其他零散的信息，人们很容易匆匆做出判断。许多人也的确会凭借第一印象就对别人形成固定看法。但是一旦真正深入了解，就会发现基于第一印象的固定结论往往脆弱不堪。

培养人际关系

以正念之心专注于他人，专注于建立人际关系的可能性，这会让你的胸襟更加开阔。你慢慢会发现，一个微笑、一个笑话，乃至一声问候都让你收获良多。无论双方谁做出任何体贴或善意之举，都会使关系变得更加亲密。通过明确所做出的决定，正念能帮助你避免将对方以及对其适用的关系分门别类，贴上标签。你将摆脱文化定式，从而找到能够对人生有所裨益的关系模式。

化同理心为实际行动

想办法将同理心转化为富有怜悯心的行动。对同事、邻居和身边的人坦诚相待。想想其他人的需求和自己能帮到什么。

用心交流

交流时请敞开心胸，并懂得变通。如果发现交流陷入定式，设法避开并另寻他途。认真聆听每一句话的同时，也要留意言外之意，并以善意回应。适当的时候可以轻触对方，伴以温言抚慰，隔阂自然冰消瓦解。

与他人建立真正的联系是人完整存在的应有之义。

建立互利关系的五项计划

练习慈爱

前文提到的慈心正念法是一种治疗方式，即传递爱和温暖于他人。这里的他人不仅是包括亲朋近邻，也包括远在天边的旧知故交。将此冥想列入常规冥想练习，一周至少练习一次。

待人宽容

内心倘若有怨恨迹象，必须加以重视：反问自己是什么因素阻止自己宽容待人。即便以往别人有过错之处，我们要着眼于当下，给他们改正的机会，重新开始这段关系。

退出争执

发生分歧时，如果感到烦恼或沮丧，要停止对情绪的正念专注。抽身事外，退出争执，能有效避免双方造成疏远。避免让“自己是对的”感觉将自己引入歧途。

图和问题

绘制一张图，表现自己最重要的人际关系，用重叠的圆表示亲密度。从家人朋友中选择出10人。问自己以下问题：

- 我该如何维护这些关系？
- 我愿意改变这些关系中的哪些方面？
- 我该做些什么来实现改变？
- 现在我能否做点小事来表达对他们的承诺和爱？

写下答案并思考如何利用它们改进这些关系。制订行动计划，为每段关系作出那件“小事”。

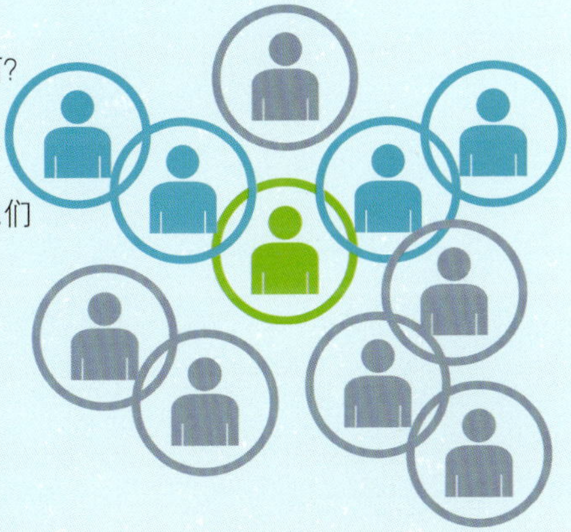

“度人先度己。”

——禅语

正念伴侣

修炼过程中保持关系稳定

在一段长久持续的关系中，双方越来越熟悉，逐渐形成固定的思维和反应模式。某些特定问题会周而复始，不断重现。一旦开启自动回应模式，两人可能剑拔弩张，一触即发。若想使一段关系保持活力，充满爱意，需要双方开诚布公，真诚相对，彼此忠贞不渝。

随着情侣或夫妻双方彼此熟悉，会猛然发现自己激情锐减，就像长期以来抑制我们表达某种感情的机制闸门突然泄洪。有时候这种本该最亲密的关系却令我们身心俱疲。爱情带给我们快乐的同时也带来了考验。部分原因是我们所能依赖的只是对方一直以来的爱心、关心和耐心，或者是我们在他们身上期待看到的品质。因为害怕受伤害，我们经常焦躁不安，反应过激。这样使我们更容易毁掉我们所珍惜的一切。

正念冥想可以有效遏制自动反应模式，使我们冷静下来，重新思考，从而避免争吵。正念能阻止我们轻率做出结论，减弱我们的防御性反应，从而减少不安感。

生活在一起，人们就会不由自

伴侣关系优化表

遵循以下指导原则能保持和谐的伴侣关系，其中有些针对伴侣间潜藏的紧张关系，其余的则是促进伴侣关系的方法。

合理劝说

当伴侣出现情绪化时，不要理性地证明对方在无理取闹。以同理心共同探究这些负面情绪，询问敏感问题，来促进互相理解。

做真我，自本色

正念练习使人回复自我本色。只要伴侣关系始于爱，伴侣关系就不需要遵循标准的行为规范。别管伴侣关系“理应如何”，你们可以与众不同。

接受改变

不要指望伴侣永是初见的模样，每个人都会发生变化，包括你自己。不要苦苦眷恋于伴侣曾经的样子，人依旧如初，只是所处位置不同罢了。

平等相待，勿居高临下

不要认为自己有了正念的力量，或其他长处，就有资格对伴侣进行道德权威说教。得理且饶人，与伴侣团结一心，平等相待，勿颐指气使。

主地积累对彼此的怨气。当达到一个临界点，所有的旧事重提，矛盾随之加剧。这像是老调重弹，然而确实是心理层面的客观事实。养成正念冥想的习惯可以减少双方毫无意义的摩擦，若双方可以共同参与正念冥想练习则效果更佳，比如眼神交流或轻触对方（见右图）。有意识地进行正念冥想交流同样有效：可以自己设定场景，或者通过讨论，遵循不加评判的正念原则，双方均需沉着冷静，表达清晰，认真聆听。冥想可以创造出一个空间，置于其中，爱情纽带得以巩固。当我们越来越了解自己，相互间的关系也随之得以巩固。尤其是善于共同应对压力的伴侣，关系往往更加牢靠。

相看两不厌

有些参加正念训练者和自己的配偶一起参加“成对训练”，即两人互动练习。以下描述的对视练习可以提高彼此的接受度和亲密度。如果愿意的话，在对视练习的所有阶段都可以用计时器来辅助。

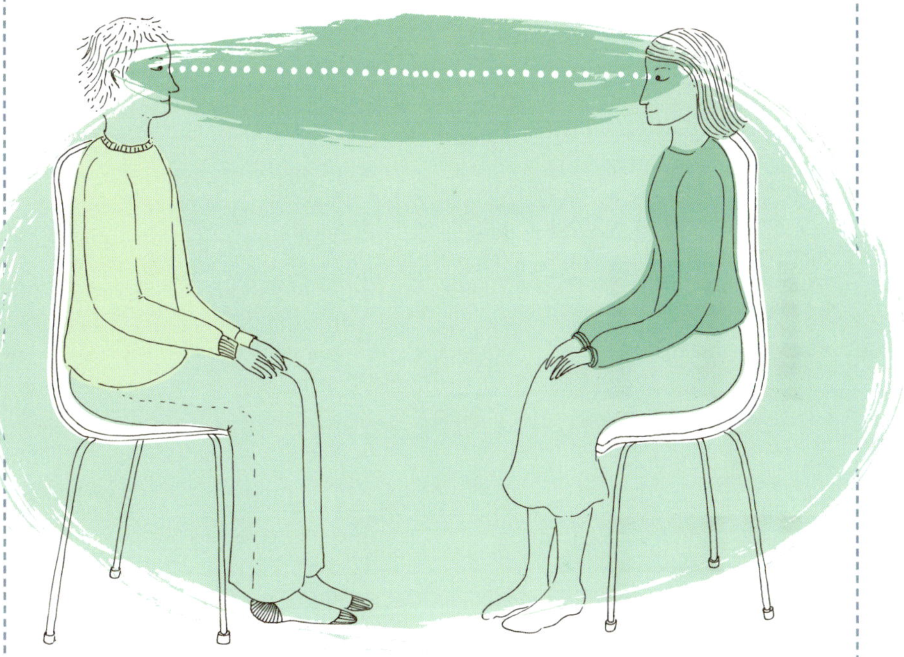

1 双方端坐，正面相对。调整坐姿，间距约1米。

2 专注地看着对方的眼睛，如有任何不适或脆弱的感觉，不要为之所动。双方都应该专注于自身体验，此阶段主要是为了观察而不是交流。保持该姿势约5分钟。

3 现在双方应凝视彼此的眼睛。想象你看的不是眼睛而是这个人。你们不仅仅是看着彼此，你们在感受彼此内心。这一过程持续5分钟左右。

4 最后，一边看着对方，一边想着他/她的好处，你所爱的他/她的特质；同时也想一想自己内在的优点。再花5分钟感恩赞美你们之间的爱。

聆听伴侣反馈

伴侣向你坦承心事时，一定要放下防备心理，认真倾听并仔细理解，思考如何才能最积极、最充满爱意地回复。别忘了要对伴侣表示感谢，感谢他的坦诚。

一起尝试新事物

无论如何忙于个人追求，都要留出时间和伴侣一起分享新经历。双方尝试了新鲜事物后，多谈论各自的感想，如果某件事情有趣，做好计划下次和伴侣一起尝试。

正念，助你一臂之力

正念帮助我们应对各种挑战，既可以助力事业成功，生活顺利，又能伴我们度过艰难时光。

成长与学习

如何有效地学习

终身学习

不是只在你需要获得某项资格的时候才需要学习。正念能帮助你汲取经验以丰富生活，为自我和他人谋求幸福。以下是一些可以通过正念学到的知识：

- 思想、情感和行为如何相互作用；
- 爱如何消除不安全感和过度自我保护；
- 生活为何充满奇迹和惊喜；
- 普通人如何不普通；
- 孩子们究竟有多聪明；
- 自我为中心是多么的虚幻。

虽然学习是生命中最令人高兴的活动之一，但要能有效地学习吸收新技能或新知识，我们还需要以正念之法留意一系列潜在的问题，比如自我怀疑和学习积极性缺乏。正念会提高学习效率，你的收获也会更多。

学好一门学科仅靠责任心和良好的记忆力是不够的。在正式的教育系统中，如在中小学、学院、大学里学习，你还需具备一定的抗压能力。在任何需专心学习的场合，个人情绪都可能会对学习效果产生影响，包括怀疑自身的能力以及自己对课程提纲的掌握程度。你需要平心静气地处理这些问题，以防它们影响到自己的表现。如果没有控制好情绪，思维能力和学习积极性可能就会受到阻碍，进而你会发现很难在那些相互矛盾的学习任务中分清主次。

压力之下

学习中克服困难的最佳方式就是正念，无论是采用定时冥想的方式还是在生活中保持正念的态度，都有利于困难的解决。无论你是信心受挫，还是无法平衡生活与学习，抑或仅仅是因为任务太多而发愁，正念都能助你将学习带回正轨。学习分心可能是因为内部因素（自己未解决的事项），也可能是因为外部因素（娱乐消遣的诱惑）。如果你的朋友或同学没有遇到

学习态度

正念让我们即使学习负担过重，也能保持平稳的心态。

此类情况，“逃学”的种子往往就会在你心中发芽。这种逃避行为正是我们应对压力时“对抗或者逃避”选择中的后者。这种“不战而逃、未触即溃”的行为往往让我们陷入内疚、沮丧与失败的泥潭。正念训练让你分清轻重缓急，不为安逸所惑，履行学习之职。

学习顺利

当你进入学习状态，达到了心无旁骛的境界，整个人也全心全意投入学习中，废寝忘食。这时千万别忽略自己生理以及心理需求，要经常进行呼吸冥想，最好一小时一次。要学会维持身体和谐，注意身体发出的危险信号，平时睡眠要充足，饮食要均衡。

正念如何促进学习

有科学证据表明，正念练习能改变我们对压力的反应。前文介绍过，大脑前额皮质与脑结构中掌控恐惧和情感会相互作用，或许正念正是通过影响其作用机制来做到这一点。教育学家发现通过提高下列能力，正念能为快速进入学习状态做好心理准备。

工作记忆

存储许多零散信息，又能集中处理。

专注力

全身心投入到手头的学习任务，全神贯注于所看或所听的内容。

制订计划

促使你在特定的学习阶段，制订完成任务的时间表。

逻辑推理

运用逻辑思维评判，并给出有理有据的结论。

解决问题

使你能解决目前学习中不懂的地方，攻克难题。

多任务处理

处理几个同时要完成的任务，为这些任务提前做好准备。

自信心

增强信念，相信自己能掌握好这门功课，进而提高自尊心。

思路清晰

避免你把情绪带入当前的学习任务中。

耐力

能进行长时间的学习，不会感到枯燥乏味。

倾囊相授

如何在考试中脱颖而出

考试期间的学习压力特别大。正念冥想训练能够以最有效方式缓解你的考前紧张感、考试时的高强度情绪，以及考后对考试结果的焦虑感。我们无法做到完全避开压力，但是了解一些释放压力的方法对我们总归是有好处的。

一场考试突然来临，就如同小行星撞击一样让你措手不及。你又必须在这场考试中取得高分，即使你全无准备，身体状况不佳，感到焦虑不安，你还是要参加考试。

掌握一些正念冥想技巧，有助于缓解考试压力。如果你还没有进行过冥想，那么，至少在第一次考试的前两周，你就应该开始有计划地进行呼吸冥想或者是身体—呼吸冥想训练（见96～99和106～109），在考试期间也要坚持。睡前冥想有助于清空思绪，防止失眠。绝对不要试图用酒精帮助入睡。

如果在考试复习时产生消极的想法，仅需辨认并归类，然后平静地继续手头的工作。每一小时左右用一次7/11呼吸法（如下图所示），注意你的姿势，正确的坐姿能保持思维敏捷（见94页）。

如果是模拟考试，不要为考试

7/11快速调整法

此呼吸法可以随时随地进行，哪怕在考试前几分钟。吸气略短促，呼气略绵长，从而刺激身体的自然放松机制。

何时使用7/11呼吸法

- 复习时有规律地使用。
- 心烦意乱或压力较大时。
- 考试答题前迅速运用。
- 考试完毕后。

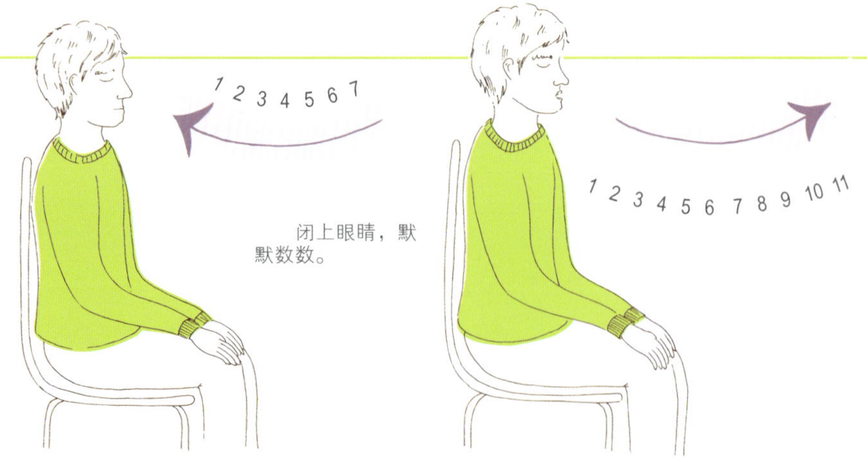

1 用鼻子吸气，同时从1默数到7。

2 用口腔呼气，同时从1默数到11。

成绩耿耿于怀，因为那不过是一次测试，而你现在面对的是完全不同的考试——心理层面的竞赛。历史不见得会重演，但如果你对自己心理暗示的话，倒是有可能重蹈覆辙。

以正念之心专注于考试后的愉悦感，因为福兮祸所伏，这种欣喜对考生特别是考后总是耿耿于怀的人带来坏的影响。有些人不愿考完就顺其自然地等待考试结果，总有种冲动想和同学对答案，估分数，但这样做往往会丧失因考完试而突然获得的自由，而且可能会动摇自我价值。因为毕竟只有通过考试成绩才能肯定自己的价值，知道结果后的你会感到茫然无措，毫无目的，所以要给自己时间来调整心态，回到正常生活。

正念冥想注意事项

不论你是在进行单纯的呼吸冥想，还是在进行身体与呼吸相结合的冥想练习时，都要注意以下事项：

- 如果感到身体疲惫，需要引起重视，自问一下以后是否可以对生活方式做出一定的改变，比如早睡一点。
- 对于身体的抗压能力，也要注意观察，看看随着冥想次数的增加，情况会不会有所改善？
- 当各种实例、数字以及概念等纷纷涌入脑海，顺其自然就好，你可以留到下个复习阶段来用。
- 对于那种时不时会出现的自我怀疑的想法，察觉到后，不必在意，就让它随风而逝吧。

3 保持此种节奏，持续5分钟左右，但是如果时间有限，也可以只做2到3分钟。

合理安排考试时间

考试时安排好时间特别重要，大家都不愿发现答题时间不够。以下几点是合理安排考试时间的小建议

- 做往年试卷时要计时。合理控制时间（模拟真实考试）和速度，尽量在规定时间结束前完成试卷。
- 不再使用计时器。开始做另一份往年试卷时，注意开始时间。做完之后再看时间。不断模拟练习，最后你将本能地感知到正确的节奏。
- 考试前要自我肯定：我可以在规定时间内写出正确答案。我会合理安排时间。
- 别让考试占据你所有时间记住：这个过程中可能会受到干扰，其中包括考试科目本身。你只是在参加考试，而并未创造新的知识。

求职

如何在面试中脱颖而出

针对个人品质盘问追询之广、目的性之明确，无出求职面试之右者。正念可以让你更自信地表达自我、词以达意，克服紧张情绪。

汗津津的手掌，胃里翻江倒海，心跳加速……随即词不达意，不知所云。这些都是因为你的语言不完全受大脑的控制。参加面试往往成了活受罪。有时候我们觉得面试似乎是在进行恐怖的实验，目的是释放出所有的负面自我认知：自我定位的困惑，自我需求的迷茫以及自我表达的混乱（别人可不傻，才不会相信这些呢）。

倘若这是你对面试的印象，很有可能这个印象会成真。和所有其他破坏你表现的因素一样，这些都源于你对面试的恐惧。而这种恐惧背后可能有很多原因，大部分都是围绕着你认

如鱼得水：人未必强，己未必弱

走进面试室的那一刻，你就如鱼得水。你已经对所应聘的公司做了透彻全面的了解，对自己的简历也是了如指掌，其他文中未提及的方面也已准备妥当。你自认为是该领域的头号专家，没有人能够取代你的地位。在这里，你游刃有余，怡然自得。

> 把握当下能帮你专注谈话本身，并且让你注意到可以让你充分展示自己的关键线索。

为自己能表现到何种糟糕程度而定。

可能会出现什么问题？

如果你真的渴求某项职位，那么你在面试时的表现多少会有些孤注一掷的意味。比如，如果你不太喜欢现有的工作，你可能无意之中抱怨你的老板，这并不少见，但却不会给你带来加分。问及你的优点，你可能为了脱颖而出而口若悬河地大讲空话。询及你的缺点，你可能又大谈特谈那些会被视为优点的缺点，如过于注重细节云云。如果以上场景似曾相识，就说明你自己的确有过上述的表演。

正念方法

许多人害怕面试正是因为他们认为自己的反应会陷入上文提到的几种模式之中。

正念冥想能让你的注意力更加集中，自我价值意识得到增强，同时也能消除你的压力和焦虑，从而避免上述情况。你将全身心投入到面试交谈中，也就是说你的回答不会让人觉得似是而非。也正因为这种完全放松的状态，你的个性会得到淋漓尽致的体现。这样，面试官会觉得你并不是事先准备好问题的答案，而是在进行真实的对话。

呼吸冥想

如果你是冥想初学者，那么在求职之前，你可以从简单的呼吸冥想和身体-呼吸冥想开始练习（详见96～99和106～109）。制订计划，至少以几个星期为期，进行定时练习。在等待面试时，可用7/11呼吸冥想法（详见192～193）平复你紧张的情绪；在面试过程中，根据下文中的方法去做，你会在面试中表现得大方自然而又让人印象深刻，展现你的最佳技能和最优品质，尤其是沉着冷静。

一个有偿的目标

把正念带进办公室

对于幸运之人而言，工作意味着目标、回报以及志趣相投、相互支持的同事。但对于大部分人来说，工作更意味着压力，超负荷以及不安感。为了把工作场所变得更加令人愉悦、更有创意和效率，越来越多的人把正念当成一种关键的途径。

在老板的鼓励下，越来越多的人在上班时练习正念。许多知名公司都开设了冥想课程，并且鼓励员工带薪休假，甚至在公司设立了冥想室。

研究发现，上述积极举措大有裨益，包括沟通交流更顺畅，更好地调节对压力情境的反应，工作团队更融洽，解决工作矛盾办法更高效，以及思维方式具备更强的创新力。所有这些益处都能让企业收获更高水平的生产力和创新力。

压力和过劳

工作场所中，压力滋生蔓延。在发达国家，压力是第二多病假事由，仅次于筋骨劳损。压力对于35～54岁全职群体最普遍，例如从事健康护理，教育和政府工作的人。较低程度的工作压力，可能是正常的而非异常现象，部分原因是有商业就有竞争，要在竞争中角力，就导致过劳，资源供应短缺和商业风险。团体组织中也会因为机构运作复杂而给人造成压力。当压力和过劳成为习惯，同事之间就会产生紧张感，人们充分发挥潜力也变得更难了。

生活中，处于工作重压之下的我们，为给压力腾出地方，往往会牺牲休闲活动或者是与家人相处的时间。因为生活中的上述活动是生命之泉，如此对生活束手束脚，只会令我们更加压力重重、疲惫不堪。正念冥想通过使我们认识到自己的兴趣所在，并将兴趣付诸行动，抑制负面情绪的进一步发展。例如使我们认识到自己更加看重的是家庭，而非工作。因此，正念训练已被证实可以从多方面帮助我们改善情绪。例如针对职场人士的训练可以帮助他们管理压力、保持客观、更主动而非被动、向自己和向周围的人传达更多的善意。这些职场人

取得良好效果

参与调查者参加了英国一家大型保险集团2010年的正念项目，他们被要求评估项目效果并给出了以下反馈：

88% 的人认为自己集中注意力的能力大幅提高

76% 的人认为自己和团队的关系更加融洽了

68% 的人认为自己的工作效率和生产力大幅提高

60% 的人认为自己的抗压能力变强了

改变，从头脑开始

20世纪90年代末期的商学院学生，经常会在咖啡厅读的书是《孙子兵法》，这是一本中国古代军事家孙子在2000多年前所著的兵学圣典。而今天的商学院学生更喜欢读乔·卡巴-金、马克·威廉姆斯，以及约翰·蒂斯岱所著的有关正念冥想的书。最先将正念冥想介绍到商界的人是哈佛心理学教授艾伦·兰格，他曾将正念冥想定义为“积极观察新事物的过程”。此后，卡巴-金的“正念减压疗法”、威廉姆斯和蒂斯岱的 “正念认知疗法”都被用于领导技能训练。针对高层领导的正念训练强调新生：自我的新生，修复领导压力造成的损伤。

士会因此更幸福，工作也更高效。不仅如此，当我们的能力远远高于工作的要求时，正念训练收起我们的自负与急躁；当看到比自己优秀的人时，正念训练藏起我们的嫉妒；正念训练以他人中心代替了自我中心；正念训练将更多细节纳入我们的感知与控制范围内。随之而来的训练结果便是更有意义的工作、更有目标的奋斗，以及更充实的生活。

积极导向清单

下文中的“积极导向清单”列出了已被证实的职场正念冥想的益处，可作自我评估之用。你可以将此清单记入笔记中，并按清单条目评估自己的冥想进度。

正念冥想帮助职场人士：

- ✓ 更享受工作
- ✓ 处事更灵活
- ✓ 对与工作有关的因素更敏感
- ✓ 与同事相处更融洽
- ✓ 对自己的角色更认可
- ✓ 目标确立更现实
- ✓ 更多情况下将困难视为挑战，而非威胁
- ✓ 对同事更体贴
- ✓ 对物质回报更看轻
- ✓ 对自我贡献的评估更准确
- ✓ 工作之外更充实
- ✓ 压力之下更沉静

这个，这个

如何自信发言

在大庭广众之中发言是大家最怕的事情之一。此时我们异常紧张，感觉一举一动都受人瞩目。正念练习能帮助我们驱散恐惧，恢复自信。

与听众沟通时，我们的目标是即时有效的沟通。你关注着听众，听众更加密切地关注着你。这再自然不过，然而，这种互动未必能够持久。自我怀疑与消极自我暗示使你将关注焦点离开听众，转向自我。如果你不停地暗自评估自己的表现，你的注意力将进一步分散。如果你在人山人海的听众中发现一丝厌倦，心里便开始打鼓。接着你的讲演变得机械，词不达意，言不由衷。言为心声，如果心不在焉，你就很难成功地发言，因为这是件需要专注力的事儿。

舒适与连续性

想要做好演讲，应将其放在生活的总体语境中考察。应常常在当下的关照下研究你的焦虑，因为恐惧是过去的经验，对当下的你已无影响。首要之事是专注于你要表达的东西而非担心听众会接受哪些东西。

正念冥想法不会在你讲演时封闭你的神经，只是培养积极的态度以对抗焦虑。如果我们平时练习正念冥想，在演讲前又辅以呼吸练习，那么我们将更加自信、更加沉着，表达更加流畅。你将在当下与听众紧密相连，而非在恐惧中畏缩。

> 守在当下，
> 你将轻松自如、
> 表达流畅。

认清焦虑的信号

与其他焦虑一样，我们要在当下观察公众演讲恐惧症，找到诱因。我们将焦虑的信号一一找出辨明，积极地回应，以驱除恐惧，建立自信。

信号	回应
场地不熟悉	场地很有新鲜感
听众很多	不管多少双耳朵在倾听，这也不过是一场演讲罢了
台下某些人的观点举足轻重	表达自我，亮出自信
听众与我不同（如性别或背景）	我不能预设听众有偏见
我有可能说错话	就算说错了，大家也不会在意的
听众不喜欢我，他们可能不同意我的观点	既然让我来讲，说明我有这个资格

正念法演讲的六点提示

从长期来讲，正念练习使我们发现引发焦虑的因素及其原因，另外也有一些减轻焦虑的短期策略。比如，有人喜欢在演讲前进行正念呼吸练习或散步练习。以下就是助你演讲成功的几点提示。

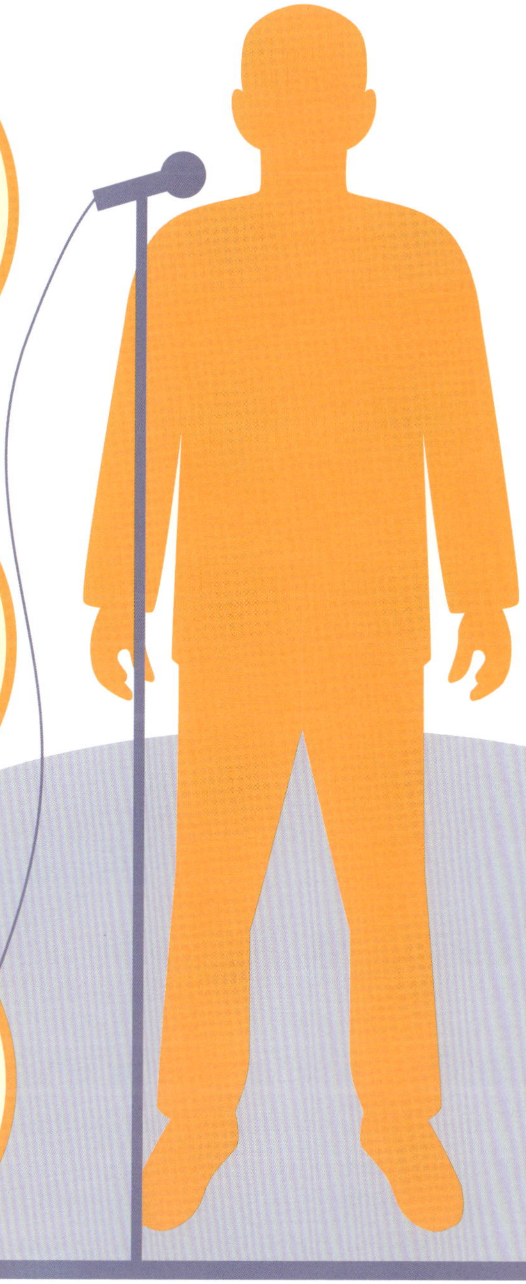

1 熟悉内容，做好准备

如果处于焦虑之中，你可能在压力之下准备仓促。应充分熟悉你的演讲稿或摘要，留出足够的时间进行排练。

2 注意交流

在演讲之前，看着观众，建立联系。观众们做好了他们应做的事——保持安静，洗耳恭听。你应用眼神传达你的爱意和感觉。现在该你做你的事儿了。

3 开头有力

应以坚定自信的语调开始演讲，负面习惯就无所插足。如果开头就比较犹豫，是不可能找到自信的。

4 不要为稿子/摘要所误

如果你根据摘要演讲，要确保自己记得要点所代表的东西，因为有时记忆不一定可靠。如果脱稿即兴发挥，不要离题太远。以摘要表达要点，同时记住关键句子是一个不错的办法。

5 学学“是的，而且”的办法

有些演员在现场演出时会采用“是的，而且”这一办法，也就是说首先接过话题，然后加以补充。这样，表演就比较连贯。因此可以利用这一办法保持与听众的联系。

6 以呼吸为锚

演讲时，可以趁呼吸之机插入大量的短暂停顿。这种技巧可以让你冷静下来。想象每一次吸气都吸入新的能量。

“……故知足之足常足矣。”

老子（公元前694—公元前531年）

运动中的正念

健康于当下

有规律的正念练习和保持健康一样重要。它是运动或其他体力活动的预先准备工作。通过练习，锻炼自己保持精力集中、目的明确，按照身体的提示调节自己的运动（如，什么时候停下来），还能帮助你控制焦虑和沮丧情绪。

无论你喜欢什么体育项目，或爱好什么运动，注意力放到身体传达的信息上来，总会受益匪浅。聆听身体时，便学会相信自己的感受，并表现出自我怜悯——治愈自我的仁慈。两者对于健康和幸福而言是至关重要的条件。

跑步、热身或训练之前，甚至包括热身运动做完之后，调节自己接受身体信号，判断身体能接受何种程度的外力影响。

假如某天身体告诉你，我累了，或者肌肉酸疼，需注意聆听，并相应地改变行动计划。缩短通常的跑步里程，做一次正念行走，或者直接给身体放个假。

正念伸展运动

正念伸展运动对那些有问题的身体部位很有帮助，增加你的柔韧性，提高活动能力。把注意力放在你感到肌群紧张的地方。闭上眼睛，做10次缓慢呼吸，在想象中，把呼吸引导至相应的肌肉。

运动心理学家很清楚运动时多虑能使人更加疲惫。正念练习可以重新实现身意相合，和谐运作，所以对上述问题也能有所帮助。举个很恰当的例子来说，不要把精力都集中在要完成锻炼上面，因为那仅仅是你的欲

正念热身训练

热身训练时，意守当下，把精神与身体运动结合起来，专注于你的感受，密切注意呼吸与运动的节奏。不要受音乐或电视影响而分心。热身训练中施展正念能够：

- 提高训练效果；
- 降低受伤的可能性；
- 增加训练中的乐趣；
- 为你和你的身体塑造健康、关爱型的关系。

望。相反，要欢迎一举一动都饱含意识的心流。正念能帮助你提高运动中的表现，运动也能够使你更好地掌握正念。德国运动科学家对休闲跑步的人研究发现，超过12周以上的训练项目之后，正念感知水平大幅增加。部分原因是这些人对自己的感受更加在意——呼吸、心跳和体温；另一部分原因是锻炼改善他们的神经系统，让他们更加集中精力。

精神还是身体的痛楚？跑步者的选择

痛楚可以源自身体，也可以源自精神。跑步者的痛楚大都源自精神——身体到达极限时沮丧不已，或者还有很长的路要跑，所以没了耐心。把精力集中到呼吸和脚步上的同时，还要把“我再也坚持不下去了”这样的想法从脑海里清除。身体告诉了你什么？做一次全身扫描（见120～125页），然后问自己什么方面运作得很好，什么方面需要调整。根据所学知识，调节好自己的节奏。身体告诉你要停下来的时候就停下来，不过要是精神告诉你停下来，大可不必相信。根据下列几条要点，把跑步中那些不必要的努力都清理掉。

想象一根弦穿过脑中，穿出头顶，引向天空。不要垂肩耷拉着脑袋。直起腰板，挺起肩膀，肩膀和臀部处于一条垂直线上，身体不要紧绷。

留心听好你的脚步，要集中精力缩短步幅、每一步都不要发出声响。从而使你跑起来步伐匀称且最省力。身体震颤因此减小，亦能降低关节受伤的可能性。

摆起臂来，不要拖泥带水，荡来荡去。这样做能减小脚步声。跑步时减少不正确的摆臂动作能够减轻膝盖、臀部和后背承受的压力。

一切竞技皆为赢

体育运动中如何高人一等

不同的体育项目对身体和精神有不同的要求——协调、力量和耐力等等。然而，成功的运动员都具备同一个特点——正念——当然，传统上形容他们为“精力集中”，“竞技状态很好”，或拥有“胜者心态”。

参加体育活动时，消极自我暗示很容易在头脑中占据一席之地。时常表现为对自己丧失机会感到后悔，对表现不佳、运气太差、状态不好或是觉得表现差强人意而抱怨个不停。正念冥想能降低思维中喋喋不休的噪音，将“废物！”“输家！”“放弃吧！”之类的自我暗示抛出脑海。

以正念之道体察思维，失败者心态出现，或者因外在干扰以及沮丧心态让精力分散时，我们将更容易第一时间察觉，并能马上把注意力集中在此刻。我们平时对待错误好似放电影一般，在脑海中不断循环播放，而定期冥想亦能克制上述情况。不做冥想的人，可能把犯的错误视为对表现差的惩罚，而正念之法则是接受失败，继续下一项训练。

创意观想

运动心理学家鼓励运动员想象胜利的场景——比如，比赛中打入制

优秀运动员是怎样炼成的？

运动员的竞技技巧和心态中很多助其制胜的优点，大都是受到正念训练的积极影响。使用下列项目来了解正念对上述优点的影响，并且学习如何提高自己的竞技水平。

竞技技巧	竞技心态
注意力	淡然
专注	自悯
果断	自信
身体–精神交流	接受

正念之益	正念之益
帮助你进入心流状态	帮助你脱离恐惧和焦虑感
竞技中疼痛、口渴或其他干扰的影响会减轻	帮助你脱离罪恶和羞耻感
帮助你做出正确举动	强化胜者心态
提高反应速度和精确度	使你更加从容地面对失败

最优唤醒方案

运动心理学家把运动员心理状态划分为两个轴线：投入程度（指运动员参与和专注运动的程度）以及唤醒程度（指运动员对运动而言其注意力的集中程度和期待的活动）。运动员既没有投入运动，也没处在激发状态，就会很无聊；运动员处于很高的投入程度同时很高的激发程度，就会兴奋。只有激发没有投入，会感到焦虑；只有投入没有激发，则会过于放松。对竞技运动员而言，“甜蜜点”是投入和激发的平衡点。

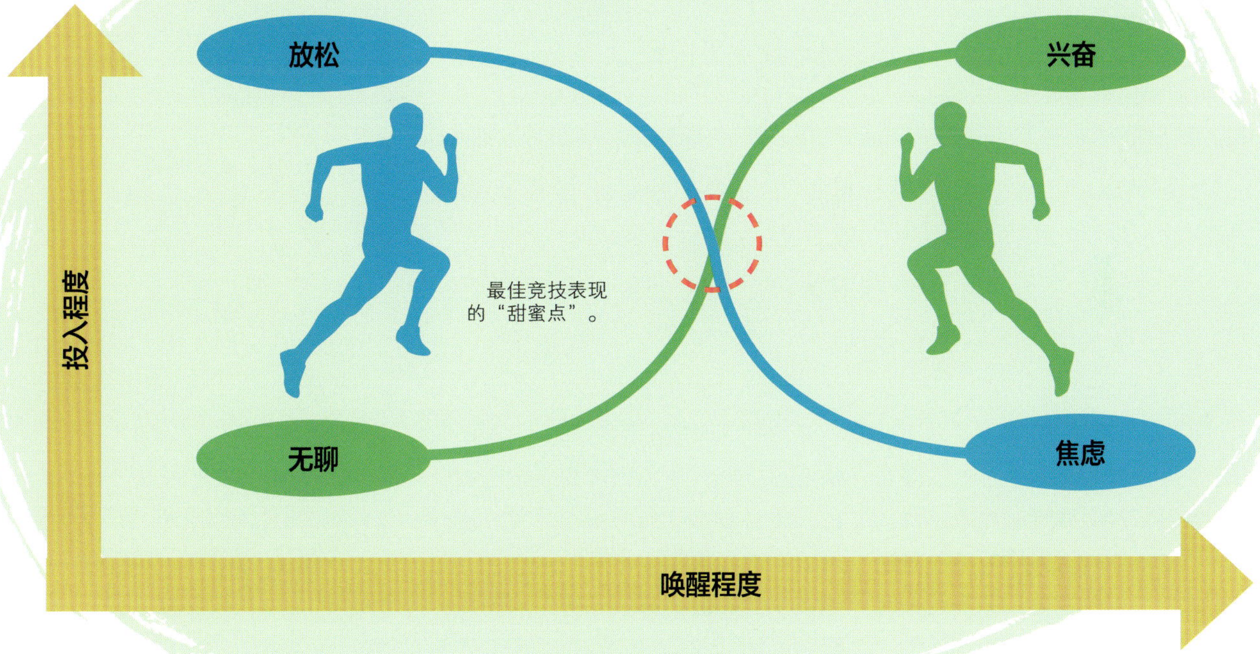

胜一球，或登上领奖台接受金牌。这样的想法能在比赛前强化运动员的动机，但是任何比赛中的最佳做法是精力高度集中，尽量不做自我评价，尽量不预想比赛的结果。比赛中一直想着奖杯并不是借助正念达到巅峰水平的做法——相反，这样做会使你分心，妨害你进入心流。

> 正念之法则是接受失败，继续下一项训练。

正念比赛计划

为提高竞技水平，可以尝试在日常训练项目中加入正念训练内容——如下所示。

每日训练期间进行呼吸和身体扫描冥想。竞技活动前进行呼吸冥想。配合你的运动，在正念的观照下进行肌肉拉伸，注意每块肌肉的感受。

正念热身——身体放松运动时，注意身体都发生了什么，注意自己的能量及其唤醒水平。

正念运动——运动中做关键动作时要心怀正念，如网球发球或游泳转身。

让正念涵盖竞技的全部——赛后回顾自己取得的进步，当然中场休息、赛间休息时都可以这样做。

敲定生意

谈判游刃有余

现在做生意，板着脸讨价还价的那一套已经过时了，取而代之的是坐下来谈判。谈判桌上，双方更关注的往往是合作关系、创意解决方案以及为未来合作打下基础。正念能使谈判活动更加高效，对谈判桌前你而言意义非凡。

谈判的形式很多——包括签署新合同或达成国际条约的正式会议。参与者不乏受过训练、经验老到的专业谈判人员，也包括朋友间临时就买卖商量一番，比如买卖汽车。

一般来说，谈判为了实现下列两个目的之一：获取最大收益，或者获取最优收益。前者有时也称作立场型谈判或强硬的讨价还价式谈判，通常还可以把这种视为市集上砍价的变种，不过要稍稍复杂一点。双方从各自立场的极端出发，最终达成双方都能接受的妥协方案。好似打牌赌钱，暗藏一手、虚张声势等巧妙灵活的战术往往可以制胜。对双方而言，目标就是尽可能不让步。不过，今天各行各业的谈判，大多数考虑到双方关系长远发展，以及旨在取得双赢

谈判桌前用的那些谈判技巧，其实跟下厨技巧差不多。

谈判者类型

你本身的谈判特征是什么？

如果你发现自己属于下列某一个非正念类别，下次谈判时尝试用一下正念吧。

正念谈判者拥有更广的聚焦点

- 调解员调节双方的问题。他们能本能地把握对方给出的细微信号并做出响应。
- 合作员处理难题并找出独到的解决办法。他们意识很好，交流技能很强，能汇总各个相关方面的具体所见所闻。

非正念谈判者聚焦点狭隘

- 脱逃者不爱遭遇冲突，想通过电子邮件解决问题，不想面对面谈判。他们往往很紧张，而且谈到自己的目标时，很不明确。
- 争夺者只喜欢自己赢，常常为达到自己的目的不择手段。他们喜欢忽视双赢的解决方案。
- 妥协者易于武断下结论。他们很容易就做出让步，没拿出时间把问题放到更大的背景中考虑。

做大蛋糕：价值谈判之艺术

正念为你提供一系列的谈判技巧，这将会在价值谈判中派上用场——谈判模式并不是旨在“分蛋糕”而是“做大蛋糕”：让所有参与者受益更多。价值谈判的核心特点以及正念给价值谈判带来的作用如下图：

的结果，因此会顾及到双方的深层利益。这也称作“价值谈判”，理想状态下，此类谈判结果往往是双方相互尊重，相互信任，彼此均认为很愉快——并认为日后可以继续合作。一旦双方确立了互信，在坦诚相待和信息共享方面就前进了一大步，并进一步丰富了双方合作的机会。正念自然支持价值谈判这种形式。

谈判室里的正念

最有效的谈判“战术”就是谈判时的正念自我意识，集中精力响应对方的话，对谈判室里发生的一切保持警觉。情绪总是在不经意间出现。如果你察觉到谈判对手表现出情绪化特征（如笑容很紧张，凝视的目光转向他处，或手中的笔跌落），那么也许你就要对他说的话三思了。自己的情绪能揭示那些尚未意识到的要害之处，你可以选择忽略或处理它们——同时把自己与情绪和随情绪而来的话语剥离开。谈判期间体察思维、情绪和身体感受，同时并不对这些做出反应。这一切能使你在谈判中游刃有余，灵活做出响应。

为人诚实

如何说出难言之真相

如何把正念用到你与他人的交往之中？是不是这样一来总要说出实情？既然正念涉及怜悯，又该如何处理善意的谎言——如何心存善意地把难言之真相说出口？

自己生活独处的时境，和与他人相处的时境，截然不同。与他人相处时，思想通过语言表达出来，并进行交流；双方对语言进行理解，并做出回应。另外，交流中还可能包括微妙的肢体语言。全神贯注于说话内容，包括自己所说的那部分，以及一切言外之意，这样才能完全把自己融入交流的环境。这也意味着对方的有意或无意之举，如手势、微笑和其他信号，我们都要做出反应。

我们表达自己的意思时，经常言不由衷，讨论情感话题更是如此。不过我们发现，正念有可能强化你的交际技能。如果你一直保持正念的态度，你总能把自己的意思表达的清晰明了、开诚布公——还能把你不想表达的东西留在心里。

说还是不说？

只要觉得让人知道了不合适，每个人都会把相应的消息或观点藏在心里。每每真相关系自己之时，我们就更加警觉了。现在的互联世界对此类问题有个专有名词叫作“分享欲过盛”，用来形容特别热衷散布个人信息的行为。大多数人与陌生人、或泛泛之交分享信息都是有度的，自然不会出现过度分享的问题。我们也时常想对自己的熟人就某些事情做些隐瞒。

上述行为动机之一，可能是为了信守为他人保密的承诺。一般来说，更可能是真相说出口会给自己或他人带来不适或伤害，所以选择极力遮掩真相。对于上述想法，我们还是非常能够理解的。

> 我们表达自己的意思时，经常言不由衷，讨论情感话题更是如此。

真相的治愈力

告诉别人真相，待人待己都是仁慈行为，不过要心怀怜悯而告之。

遮掩难言之事实带来两方面的问题。一方面，给自己和被隐瞒人之间的关系带来负能量。以正念之心体察，你将会完整地体验到内心的紧张感。另一方面，我们担心一旦将真相全盘托出，后果将无法预见。具体来说，自己清楚别人知道真相后在情感上有所反应，但害怕的是这种反应会多么强烈，以何种形式反应却不清楚。说不定你觉得你们关系比较疏远，对他而言，自己算不上什么慰藉的来源——自己可能会想到：一旦真相大白，对方情绪失控，而自己只能旁观却无能为力的时候，剩下的只有自己感到尴尬了。或者，真相可能会使人很痛苦，出于善意，我们尽可能向后拖延真相带来的冲击。一般而言，如亲人故去或爱人出轨之类的消息会促使人们产生上述的想法。

真相之时境

如能凭真心而动，不是延后推脱等懦夫行为的话，就任时间流去，直到把住关键时境，这是怜悯的做法。届时正念冥想助您平静从容，且不会臆断将要知道真相之人的反应。

在外人面前，听到烦心的消息，每个人都会控制自己的情绪。特别是男士之间，哪怕是要好的朋友，都谨守这一界限，不乐意把自己失落的一面表现给对方。正念往往使人理解和尊重这种缄默——虽然怜悯还没派上用场，但无论你做出如何的判断，都不会造成尴尬局面了。轻轻拍拍对方，一切尽在不言中。

正念致歉法

道出真情实感的主要表达方法之一正是致歉——真心诚意面向自己，面向他人，就我们造成的伤害和带来的失望深表歉意。以下是正念致歉方法指南：

- 彻底悔过自我——倘若有所隐瞒，悔过也是欺骗。
- 无论如何，即使再有理，也不找借口——有时借口悄悄溜进歉意中，玷污了它的真诚。
- 暴露你的不足——表示放下自己的戒备心理
- 实话实说者准则和正念致歉法交换位置。正念致歉法最后一条前面加上项目符号就可以了。
- 把歉意视为礼物，一举两得：通过体现自己不足之处，送出反省之礼；接受真实之礼——别人与真正的你建立联系——之后你还可能收到谅解之礼。

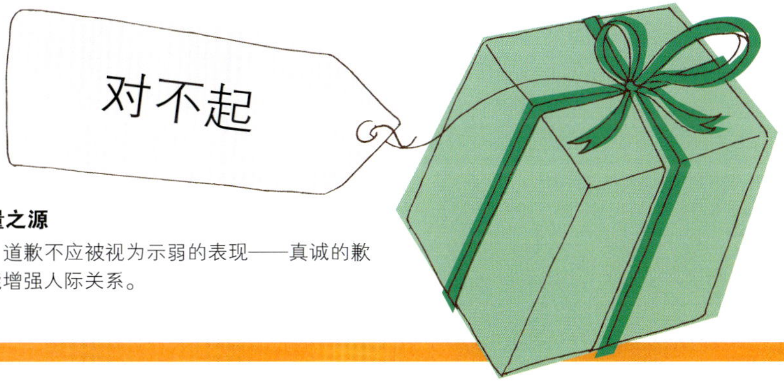

力量之源

道歉不应被视为示弱的表现——真诚的歉意能增强人际关系。

实话实说者准则

需要把难言之真相捅破时，不要身陷难言之难而没能注意到知道真相的对方给出的信号。用正念对待你感受到的任何情感，把自己与那些情感剥离开。决定如何把真相捅破之前，考虑下面几点：

- 你与这个人的关系；
- 说出真相在道德层面的必要性；
- 知道真相对其幸福事关紧要；
- 知道真相对其而言迫在眉睫；
- 选取合适时机告之真相的重要性。

考虑上述条目之后，决定何时、以什么方式把事实讲出来。饱含情感地托出事实，灵活处理对方的反应。即便事实不太令人接受，也要保持怜悯和耐心。

轮到孩子们了

如何培养孩童的正念

与孩子一起玩正念游戏，向他们介绍一些简单的冥想。家长和老师见到孩子们年轻的思想在自我意识中成长，自己则能享受正念培养孩子以及全身心投入的乐趣所带来的幸福感。这里描述的正念活动向孩子们展示想法和感受以及任其去留意味着什么，重新专注于当下又意味着什么。

孩子学习正念的最佳时间为小学，因为这时他们易于接受新思路，乐于探索他们的世界。此时学习正念，他们对自我了解更深入，更容易集中精力来处理情绪，也能更好地处理孩童时期的很多焦虑问题——比如作业、自我形象和交友。

年幼时期

孩子们平时玩耍时，其实是常与当下相连的。蹒跚学步的小女孩，拾起她从未见过的东西，一心一意地抚摸它，注视它，这就与正念相关。可惜孩子们大多数行为，都是在家长的诱导下去做的。他们收到命令，按命令去做，大都是自动操控模式，比如“把牙刷了”。一个孩子吃早餐时可能想着出去玩，却对早上要学数学极度恐惧。自动操控模式中，思维四处飘荡应算是孩子们独特的思维方式之一。

大人们费尽心思，用各种一本正经的冥想练习，才把正念带到自己

思绪的种子

要告诉孩子思维和情感是怎么工作的，简洁类比是最有效的办法。如果孩子对某事感到失望，用上述办法也能安抚他的情绪。你的工具是一只带盖玻璃罐和一堆种子。将种子放进水里——干燥的种子会浮起来，而事先浸泡过的种子将沉下去。

1 在孩子面前，往罐子里倒进水，把种子撒在上面，盖子拧紧，上下摇晃罐子。

2 请孩子注视种子，同时让孩子把精力集中到呼吸上。种子好似他们的思绪，起先在水中打转，后来慢慢下沉，直到在瓶底安顿下来。

3 孩子想着自己的呼吸的时候，给孩子解释，感受和思绪好似种子，慢慢安顿下来。告诉孩子，他有能力安顿好自己的感受和思绪，做法很简单，就是把注意力移到别处。

的生活中来，不过对于孩子，却要带点想象力和趣味性，才能使他们参与进来。下面的办法就不错：请孩子选一样自己最喜欢的东西，比如某个玩具，然后画出来。再请孩子更加细致地观察那样东西，多花些时间找出它更多的细节。孩子重新画这样东西的时候，往往会把细节带入到画中。问孩子，如此细致观察这样东西感觉如何：是不是自己的观察捕捉能力比相机要强呢?

呼吸意识也很奏效：孩子们很难集中精力，他们对此感到很惊讶，也很好奇。孩子们可能很难领悟什么叫作把注意力放到呼吸上。如果实在难以集中精力，孩子可以把最喜欢的毛绒玩具放在腹部，集中注意力，看玩具随呼吸起伏。

探索意识

自然而又循序渐进的办法，是采用全身扫描的一种变体，要求孩子注意到各种感受。请儿童描述他们在屋子或院子里的活动。告诉他们脚下都是易碎的瓷砖，不要弄碎，让他们放缓步伐。让孩子们集中精力，随着一举一动，注意自己身体在发生什么，然后把发现告诉你。给孩子们说他们视听都有超能力，这让练习更有趣，也能促进孩子们在他们的环境中走动时集中精力。

> 孩子们很难集中精力，他们对此感到很惊讶，也很好奇。

如果你的孩子对上述正念活动中的一项或几项不感兴趣，尝试其他方法。自己保持正念，成功失败均泰然自若。

猫人

下面的简单冥想表达了一条重要信息（跟孩子要大声说出来）——就是思绪穿过脑海，我们能注意到它们，就好似别人注意到我们一样。

1 眼睛闭上。我是猫猫，伏在地上，看那墙角的老鼠洞。我要小老鼠们都快快出来，我要抓住它们。

2 想到我是猫猫，想到墙角有洞，我脑袋里其他想法，可都是小老鼠啦。我坐在洞口，小老鼠冒出一只，我就扑住一只。

3 做猫猫很辛苦吧，看着洞口却没有小老鼠出来可怎么办呢？坚持，坚持，再坚持，会怎么样呢？相信很快就会有想法从脑袋里冒出来啦。

卷入危机风暴

如何安度困难时期

人生总要遇到各种难题，总的来说我们能调节适应各种各样的新形势。正念给予我们另一种生活策略：拥抱压抑，而不是抗击压抑，我们方能驾驭汹涌波涛，保持生活的航线。

听之任之，则思维趋利避害。不过有些问题很严重，很有压迫力，使我们无法脱身。

从长期的角度来看，选择面对问题而不是逃避，是对我们自己好。然而自己本来感觉很糟，强行让自己感觉不错，这是与事实的对抗。这样一来，往往内心斗争使人身心俱疲，最终还没取得胜利。想要脱身，最好的办法是弄清楚自己哪些方面受制，而后逐个击破：如此，问题就不再是问题，你就不可能身陷其中。

应对困境的战术

遭遇困境时，困难具有两个层面：首先是原发问题——比如生病、

超越痛苦

对待身心痛苦，最有效的办法莫过于守在当下。从这个角度出发，把痛苦逐个分解成随时间变化的情绪。

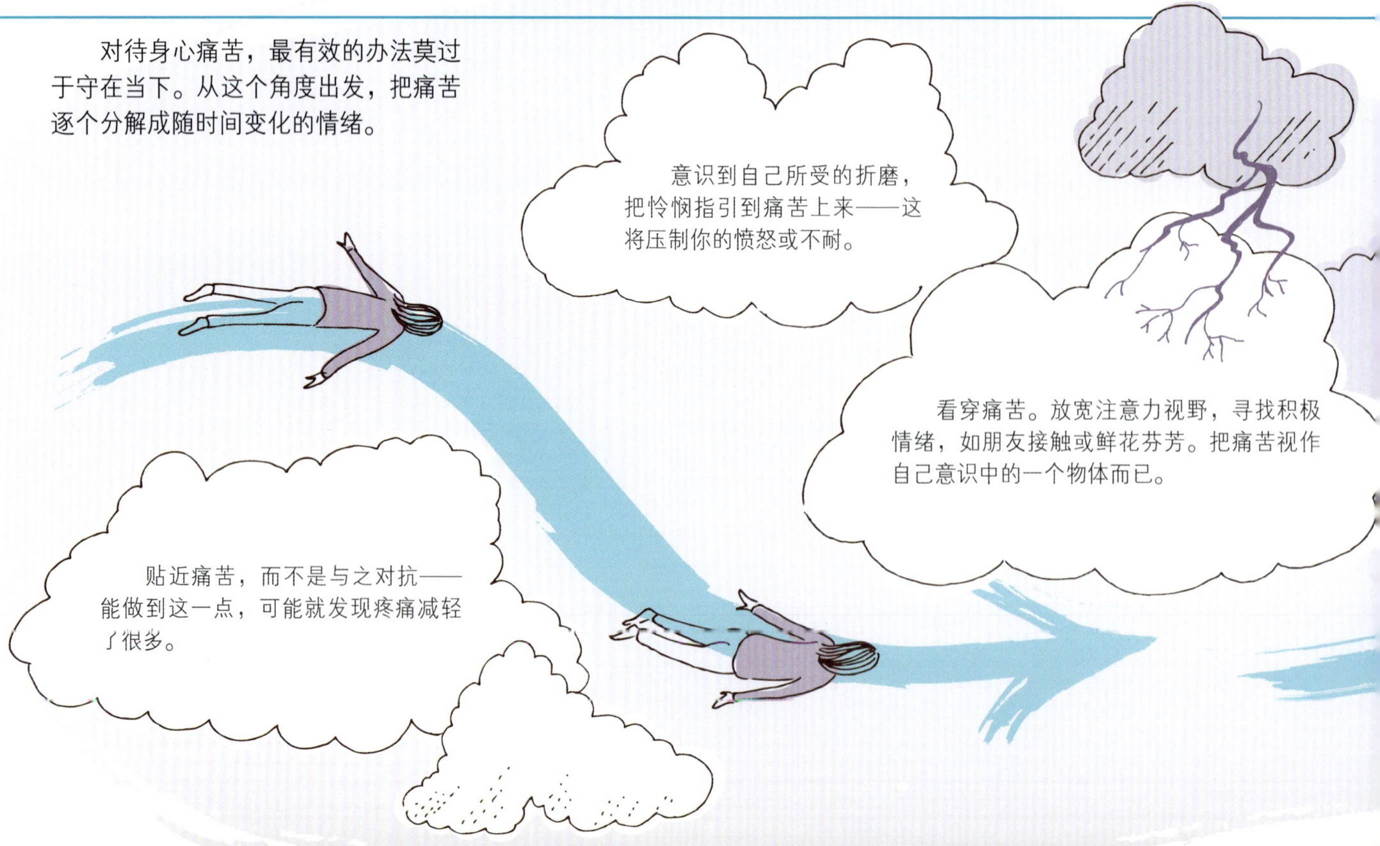

遗失物品、极度不幸或失望。既然已是既定事实，不可改变，则需要面对，需要调整好节奏。第二是精神折磨。这完全是出于我们对第一层问题的反应，往往始于某个判断——“这不应该啊”——而后触发某种情绪，如愤怒、恐惧、丧气或绝望。情绪无法控制也无法驱散，不过用正念态度，可以摆脱情绪的折磨。生活中总有痛苦，无可避免。我们拒不承认痛苦却接纳痛苦带来的压力，所以折磨是我们自找的。用正念探索身体疼痛时，就能明白到上面的道理。下次如遇头疼、背疼或其他部位疼痛，可以尝试一番。注意你的感觉，你会发现疼痛是很单纯的感受，随之而来的还包括自己对这种感受的抗拒。这种抗拒部分上是源自身体——疼痛区域肌群紧张。尝试逐一放松肌肉，会感到不适减轻。

对愤怒的怜悯

好似肌肉对疼痛做出的反应，人的思维也跟着紧张起来。我们用思维活动也可以舒缓这种紧张状态。这是在当下对折磨的处理之道。不要控制自己远离疼痛，要贴近疼痛，带着怜悯和温柔，把疼痛作为纯粹的感受经历——把疼痛带来的所有不开心的想法统统赶走。

心中所想

生活中的苦恼总是迈着相似的步伐走近我们。这不是说我们因此就要学会忘情，或者涕泪长流。我们要做到的是不要让苦恼长久占据我们的心田，关闭我们选择的大门。危及我们幸福的往往不是某一种具体的情感，而是我们的想象，或是戚戚于过往，或是汲汲于未来。守在当下，将负面情绪留在过去，才会不为之所损。

正念呵护他人

如何真正表达怜悯

大诗人玛雅·安吉罗说道，“化身他人阴霾中的那一抹彩虹吧！”尽管有可能给自己带来压力，呵护你爱的人依然会让你受益匪浅，让你的人际关系变得更加亲密。其关键在于，善于协调你的需求和需要你守护的人的需求，还要关注这些需求的时境。

时常呵护一个人，会大量耗费身体和精神的幸福感。时间一长，怜悯就会变得“疲惫”，压力、焦虑和负面情绪随之占据了原本清醒的思维——感觉本来就很糟，社会多半会让守护者感到失落，这样他们就更无助了。除此之外，还会觉得自我扭曲，孤立无援以及没有成就感——比如试图帮助某个人对抗慢性疾病，一起努力挣扎的时候很多，而他好转的希望却很小，这般情景再恰当不过了。

正念法在于保持自我生活的感觉，同时对他人需求做出应答，在此刻经验之中寻找价值；而且对人际关系全面投入，探索为呵护他人所作所为以外的范畴。长期呵护别人要确保别人的悲哀情绪不会转移到自己身上

守护者准则

守护他人，每每情形不一，各式各样的需求迎面扑来，可能一时难以招架。尊重自己、尊重你呵护的人是维系你们之间关系健康、积极向上的要害。下列简便易学的正念思维会为你提供指引。

你的呵护是一股奉献暖流——受呵护的人回馈予你的一切，从容接纳，心怀感激。

让爱的礼物流回自己身边——如仁慈之举或细心的评论。

同你呵护的人交流要高瞻远瞩，充满自信——让他们参与到决策中来。

> 保持自我生活的感觉，同时对他人需求做出应答

成为负能量。感受积极情绪，自然有积极态度。尽可能守在当下，有助于驱除对逝去时光的悔意，赶走对未来日子的焦虑。

“直到我承受不起了，直到我被迫寻求专家介入了，在这些之前我的生活无可改变。”这种想法毫无益处，不仅因为其充斥着怀疑和消极反应，还因为它的暗示让你看不到生活光明的前景。守在当下，驱散苦难暗影，总会带来幸福时光，沟通顺畅，欢声笑语，把握生活的主动。

向困境倾注活力，退散暗影。任何时候，奉献是幸福的重要组成部分，源自对目的清晰的感受，源自那最突出的上佳品质。

觉察他人

注意避免角色偏见，特别是“呵护别人是主动，而被别人呵护就是被动”这样的观点。着眼于人的整体性，了解其担忧和兴趣，寻找或延续那丰富又千丝万缕的联系，这样更符合正念的做法。如果气氛紧张起来，就抱着谅解或歉意的心态吧——即便自己觉得不需要道歉，也要心怀歉意。

看护老人可是一番体力活，人们在此情形中，需要通过关注老人身体传达的讯息，了解其身体承受的压力。正念全身扫描是很好的介入办法。与老人分享自己的冥想，对双方而言都是治疗的体验。

痴呆症早期一般表现为：对失忆的担忧和对未来的焦虑一道，与对当前时境的凸显产生强烈共鸣。

与怜悯掺和在一起

长时间呵护他人，怜悯较容易遮蔽别的情感。如果认为这发生在自己身上，注意自己的情感，留心其中任何消极的东西。问自己，混合情绪里存在下列哪些因素。如果有符合的选项，原谅自己的感受：

- 自己被迫做呵护别人的差事，很沮丧；
- 觉得自己动力不足；
- 感觉你所呵护的人并不感激你；
- 想念朋友们，觉得要能一起多出去走走就好了；
- 看不到自己所处情景包含美好的结局；
- 很开心的时候却心怀哀伤追忆过往。

与你呵护的人一起参与社会活动——与朋友结伴。尽可能多往好的方面刺激诱导你呵护的人，时常为其带来惊喜。

维系平衡——找时间追求自己的爱好，去拜访朋友。通过合理膳食和运动来关心自己的健康。

传达你的关爱触摸、目光和话语都可以传达你的关爱。目光饱含关爱，就饱含精神养分。

没弄清楚平静期背后还潜伏着什么情况之前，不要欣慰——说不定就潜藏着灰心丧气，甚至是压抑的开端呢？

正念明日

从现在开始，生活在未来

迄今为止，你一定学到了很多把正念作为自己生活的方法了吧。拿这本书来提醒和启发自己，或深入学习更高层次的教材。总而言之，不断深入自我，把当下与即时体验那鲜活的故事联系起来，才能触及真正的幸福。

把正念纳入生活的一部分可以从很多方面改变自己。如果感到自己掉进死循环，难以突破取得成功，或许你现在就会感到自己身处旅途之中，随自己正念之旅追求幸福（起码是对幸福的一瞥），使你的体验变得丰厚。

你之前或许感到自己总是达不到目标或发现即便达到了目标，也没收到预期的回报。而现在，你可能感到自己狂热的追求停歇了。至少自己可以随心环顾四周，而不是一心向前。

如果在你的生活中上面两个情景都不符合，也不用着急。正念法是把精力集中在直接经验上，每个人有所不同。白日，时境好似画卷，接连呈现。正念教给我们，如果身在当下演变之中，我们的注意力会更加集中，也不太可能与幸福失之交臂。

如果你觉得冥想的确带来有益的变化，希望保持冥想体验，让它贯穿自己的生活。到现在为止，你对冥想体验了解足够多了，能凭直觉自行发现它们，这再好不过了。比如，为使思维更加广博，可诵读法句经或心经等佛教经文。还可学瑜伽、练太极或做普拉提，对身体施展正念。亦可继续从正念冥想中汲取养分，且学且行。

很多人认为正念休憩安排合理，短至一天长至一周，往往还有专业的修行者或导师亲自指导。加入这些活动前要仔细研究一下，很多休憩活动还包括假日休闲模块。

调整练习方式

如果正念练习收效甚微，当自问为何如此。是否对正念心存疑虑，没有全身心投入导致？是否浅尝辄止，冥想时间少于规定时间？或干脆没有冥想？抑或得到半小时闲暇才做冥想练习，而不是专门安排时间来做？如果确实如此，何不再试一次？这次要目的清楚、明确，深入心底。即时即刻，通过调节，找回自我，才能生活美满。

> 我们与世界的联系有三个途径：身体、语言和思维。正念赐福，追随正念，体验即刻之感觉、关联和广博。

家中休憩

休憩有益于加深自我正念冥想，深入了解自我。如果不想参加休憩课程，可拿出一天或半天，把自家变成休憩场所，身心轻松，度过这段悠然的时光。关掉电视、电脑和手机（如果担心紧急电话，可不关掉手机）。尝试下列冥想活动。

开展一系列冥想练习——至少包括两段长时间冥想。

散步或舒展运动——不剧烈活动。

用餐健康而带有正念，不吃夜宵，不喝酒。

花时间读书，培养其他平心静气的爱好，比如园艺。

心里清楚要做的琐事——如清理柜子。带正念完成它们。

如果你创意十足，就花上一两个小时，做点自己的小项目吧。

索引

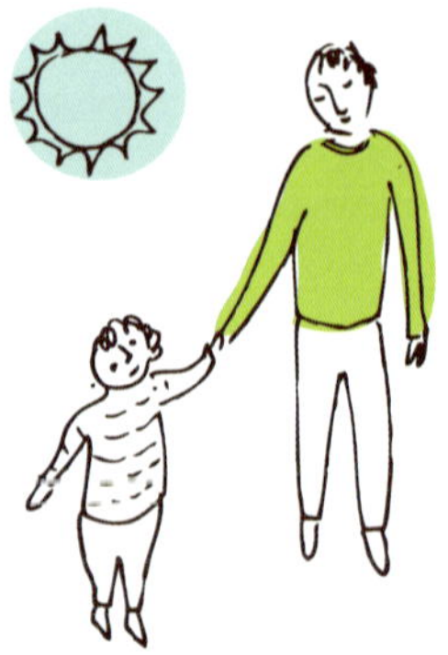

致谢

首先我想对我的老师们和心理学的大师们致以诚挚的感谢。感谢老师们多年来给予我的帮助，感谢各位大师穿越时空与我分享智慧。正念造福人类，他们分享与我的这些关于正念训练的智慧自然是深刻而实用的。同时我也要感谢所有选修、参与了我所教授的正念课程或研讨会的学生们。学生们敢于尝试的勇气、坚定不移的毅力、独具一格的见解，以及他们乐观开朗的内心无不令我自惭形秽。希望所有人都能摆脱痛苦的桎梏，不再遭受磨难，同时敞开心扉，拥抱自己，接纳他人！

肯·A. 维尼（Ken A. Verni）

特别感谢佩吉·万斯（Peggy Vance）给予的建议，是他鼓励并启发我写下这本书！

麦克·安斯利（Mike Annesley）

感谢萨拉·汤姆利（Sarah Tomley）为本书做的校对工作，以及玛格丽特·麦克马克（Margaret McCormack）为本书制作的索引！

英国DK出版社